Biorobotik zur Einführung

Für Juna

Marco Tamborini

Biorobotik zur Einführung

JUNIUS

Junius Verlag GmbH
Stresemannstraße 375
22761 Hamburg
www.junius-verlag.de

Umschlaggestaltung: Florian Zietz
Titelbild: © Nyakatura, J.A., Melo, K., Horvat, T. et al.:
https://doi.org/10.1038/s41586-018-0851-2
Printed in the EU 2024
ISBN 978-3-96060-345-0

Bibliografische Information der Deutschen Nationalbibliothek
Die Deutsche Nationalbibliothek verzeichnet diese Publikation in der
Deutschen Nationalbibliografie; detaillierte bibliografische Daten
sind im Internet über http://dnb.dnb.de abrufbar.

Zur Einführung ...

... hat diese Taschenbuchreihe seit ihrer Gründung 1977 gedient. Zunächst als sozialistische Initiative gestartet, die philosophisches Wissen allgemein zugänglich machen und so den Marsch durch die Institutionen theoretisch ausrüsten sollte, wurden die Bände in den achtziger Jahren zu einem verlässlichen Leitfaden durch das Labyrinth der neuen Unübersichtlichkeit. Mit der Kombination von Wissensvermittlung und kritischer Analyse haben die Junius-Bände stilbildend gewirkt.

Seit den neunziger Jahren reformierten sich Teile der Geisteswissenschaften als Kulturwissenschaften und brachten neue Fächer und Schwerpunkte wie Medienwissenschaften, Wissenschaftsgeschichte oder Bildwissenschaften hervor. Auch im Verhältnis zu den Naturwissenschaften sahen sich die traditionellen Kernfächer der Geisteswissenschaften neuen Herausforderungen ausgesetzt. Diesen Veränderungen trug eine Neuausrichtung der Junius-Reihe Rechnung, die seit 2003 von der verstorbenen Cornelia Vismann und zwei der Unterzeichnenden (M.H. und D.T.) verantwortet wurde.

Ein Jahrzehnt später erweisen sich die Kulturwissenschaften eher als notwendige Erweiterung denn als Neubegründung der Geisteswissenschaften. In den Fokus sind neue, nicht zuletzt politik- und sozialwissenschaftliche Fragen gerückt, die sich produktiv mit den geistes- und kulturwissenschaftlichen Problemstellungen vermengt haben. So scheint eine erneute Inventur der

Reihe sinnvoll, deren Aufgabe unverändert darin besteht, kompetent und anschaulich zu vermitteln, was kritisches Denken und Forschen jenseits naturwissenschaftlicher Zugänge heute zu leisten vermag.

Zur Einführung ist für Leute geschrieben, denen daran gelegen ist, sich über bekannte und manchmal weniger bekannte Autor(inn)en und Themen zu orientieren. Sie wollen klassische Fragen in neuem Licht und neue Forschungsfelder in gültiger Form dargestellt sehen.

Zur Einführung ist von Leuten geschrieben, die nicht nur einen souveränen Überblick geben, sondern ihren eigenen Standpunkt markieren. Vermittlung heißt nicht Verwässerung, Repräsentativität nicht Vollständigkeit. Die Autorinnen und Autoren der Reihe haben eine eigene Perspektive auf ihren Gegenstand, und ihre Handschrift ist in den einzelnen Bänden deutlich erkennbar.

Zur Einführung ist in der Hinsicht traditionell, dass es den Stärken des gedruckten Buchs – die Darstellung baut auf Übersichtlichkeit, Sorgfalt und reflexive Distanz, das Medium auf Handhabbarkeit und Haltbarkeit – auch in Zeiten liquider Netzpublikationen vertraut.

Zur Einführung bleibt seinem ursprünglichen Konzept treu, indem es die Zirkulation von Ideen, Erkenntnissen und Wissen befördert.

Michael Hagner
Ina Kerner
Dieter Thomä

Inhalt

Einleitung 11
Dank 15

1. Wendepunkte in der Biorobotik: eine philosophisch-historische Betrachtung 17
1.1 Biotechne: der Hybrid aus Lebendigem und Nicht-Lebendigem 19
1.2 Die Verbindung von Wissenschaft und Technik in Leonardos Methode 24
1.3 Maschinen als Modelle von Naturformen 28
1.4 Biotechnik 32
1.5 Kybernetische Maschinen 34
1.6 Von den kybernetischen »Schildkrötenrobotern« zum »Roboter-Ansatz« 37
1.7 Die heutige Biorobotik 42
1.8 Wendepunkte in der technischen Nachahmung der Natur 46

2. Biorobotik zwischen Wissenschaft und Technowissenschaft 49
2.1 Die synthetische Methode 52
2.2 Wissenschaft und Technikwissenschaft 54
2.3 Klassische, körperorientierte und interaktive Biorobotik 56
2.4 Der Untersuchungsgegenstand der Biorobotik 65
2.5 Pluralismus in der Biorobotik 72

3. Biorobotik als Übersetzungspraxis und ihre philosophische Grammatik 77
3.1 Kriterien für Relevanz und Bedeutung des biorobotischen Modells 80
3.2 Modell-Welt-Beziehung 83
3.3 Das biomimetische Prinzip im Einsatz: eine nützliche Taxonomie 86
3.4 Nachahmung, Technik und Sprache 92
3.5 Vom Nachahmen zum Übersetzen 96
3.6 Reversibilität 103
3.7 Übersetzung als epistemische Praxis 105

4. Holistische Robotik: Maschinen mit materiellen Qualitäten und verteilter Intelligenz 111
4.1 Von internen Abbildungen zur Verkörperung: die Entwicklung des Roboterdesigns 112
4.2 Aus den Laboren in die reale Welt 114
4.3 Die Erforschung der morphologischen Berechnung . . . 118
4.4 Die Grenzen der morphologischen Berechnung: eine Taxonomie 121
4.5 Weiche und harte Robotik: ein neuer Weg für die Konstruktion von Robotern . . . 124
4.6 Aktive Materie und Robotik 129
4.7 Die Frage nach der Übersetzbarkeit 134
4.8 Die Metapher der Orchestrierung in der Soft-Robotik 137

5. Biohybride Organismen: die Grammatik einer Lebensform 141
5.1 Biohybride Robotik: Worum geht es? 143
5.2 Zellen und synthetische Materialien: die Verschmelzung in biohybriden Robotern 145
5.3 Cyborgs 152

5.4 Gemischte Tier-Roboter-Gesellschaften 153
5.5 Jenseits der Ethologie: die vielfältigen Einsatzmöglichkeiten biohybrider Roboter 157
5.6 Interne Übersetzung in biohybriden Systemen 159
5.7 Die Philosophie der Bio-Hybrid-Organismen: Einheit, Autonomie und Kategorisierung von Organismen . . . 162
5.8 Prozessuale Ontologie 164
5.9 Biohybride Systeme, ihre Umwelt und die prozessuale Ontologie 168
5.10 Die Grammatik der Ontologie biohybrider Systeme . . . 170

6. Roboter, Emotionen und Ethik 173
6.1 Empathie 174
6.2 Ethik und Biorobotik 180

Ausblick – Homo translator 187

Anhang

Anmerkungen 192
Literatur 194
Über den Autor 216

Einleitung

Der schweizerisch-deutsche Künstler Paul Klee (1879–1940) schuf 1929 ein Gemälde, das er »Disput« nannte. Der Titel bedeutet mit dem deutschen Wort »Streit«, und das Werk selbst stellt eine Szene mit Figuren dar, die in eine hitzige Diskussion verwickelt sind. Die Figuren in *Disput* bestehen aus verschiedenen Formen und Farben, von denen einige erkennbar menschlich sind, während andere eher abstrakt wirken. Sie sind in einem kreisförmigen Muster angeordnet, wobei jede Figur in die Mitte des Bildes zu schauen scheint. Die Gesamtwirkung ist von Spannung und Konflikt geprägt, während die Formen und Farben zu einem Eindruck von Energie und Bewegung beitragen. Aus der geometrischen Komposition verschiedener Formen entstehen so zwei Menschen oder »roboterähnliche Figuren«, wie es im erläuternden Text des Audioguides zur Ausstellung »Vom Rausch der Technik« im Zentrum Paul Klee in Bern formuliert wurde. Im Ausstellungsführer ist zu lesen: »Klee reagiert in seinen technoiden Figuren wie im Gemälde *Disput* (1929) auf Lissitzkys Darstellungen des ›Neuen Menschen‹. Lissitzky gelingt hier die Synthese von Mensch und Maschine.« (Zentrum Paul Klee, Bern 2023)

Die Einzigartigkeit des Gemäldes liegt in der Harmonie der Elemente und der *Übersetzung* von organischen Formen in geometrische Formen. Diese ermöglicht einen *Dialog* mit einer anderen Person, die dieselben Formen hat. Die Beine der Figuren werden jedoch nicht geometrisch dargestellt, sondern durch zwei menschliche Beine, wodurch eine *Hybridität* zwischen Mensch und Maschine entsteht. Diese Hybridität bedeutet indes keine Synthese zwischen den mechanischen und den organischen Teilen, sondern eine prekäre Koexistenz. Vielmehr überschneiden sich die Eigenschaften und Grenzen der einen Elemente mit den Grenzen der anderen und bilden so ein organisches Gefüge, das trotzdem als Ganzes zu verstehen ist. Obwohl die beiden streitenden Roboterfiguren von zwei menschlichen Beinen getragen werden, ist der »menschliche« oder »biologische« Teil im Vergleich zum Rest winzig und vermittelt ein Gefühl der Instabilität. Fast könnte man glauben, dass die Beine nicht in der Lage sind, die von ihnen getragenen Figuren zu stützen, und dass, sollte die Figur zusammenbrechen, die Beine zuerst nachgeben würden. In ihrer Zerbrechlichkeit bleiben sie jedoch tragfähig und ermöglichen eine Interaktion der Figuren. Klees Gemälde zeigt also die Verwirklichung einer neuen *Lebensform*, des Disputs, durch die Übersetzung organischer Formen in geometrische und die resultierende Koexistenz, Prekarität, Hybridität und Autonomie dieser Formen.

In ganz ähnlicher Weise wie Klee als Künstler zielen WissenschaftlerInnen und IngenieurInnen in der heutigen Biorobotik darauf ab, Roboter und Systeme zu bauen, die biologische Formen und Eigenschaften nachahmen und so eine Mischform aus natürlichen und technologischen Einheiten schaffen. Die hybriden Praktiken, die Klee 1929 vorstellte, werden heute von der Biorobotik verfolgt, einer Disziplin, die sich zwischen Technik und Biologie bewegt. Indem sie sich von der Natur und den Eigenschaften von Organismen inspirieren lassen, versuchen WissenschaftlerInnen, Roboter und biotechnologische Systeme zu bauen. Das Ergebnis sind biohybride Organismen und Systeme, in denen das Biologische und das Technische gut integriert sind.

Von der Biologie inspirierte Roboter werden heute z.B. für biologische und kognitive Zwecke eingesetzt (etwa um die komplexe Form-Funktion von lebenden Organismen zu verstehen), für die Entwicklung neuer Technologien (wie Exoskeletten) zur Unterstützung der menschlichen Arbeit (Roboter können verschiedene Aufgaben in Büros und in der Industrie übernehmen), für psychologische Therapien (humanoide Roboter können mit PatientInnen interagieren), und so weiter.

Diese Entwicklungen haben dazu geführt, dass auf die Robotik Einflussnehmende argumentieren, Roboter könnten eine entscheidende Rolle bei der Erforschung des Verhaltens und der kognitiven Prozesse von Tieren und Menschen spielen (Kurzweil 2014; Moravec 1999; Fukuyama 2002; Tamborini 2024; Bostrom 2014). Jenseits dieses triumphalistischen Narrativs, wie es bisher noch jede industrielle und technologische Revolution begleitet hat, ist aber eine nuancierte Untersuchung der Wissensansprüche, Möglichkeiten und Grenzen von bioinspirierten Robotern unerlässlich, um die Rolle der Biorobotik für das 21. Jahrhundert kritisch bestimmen zu können. Insbesondere sollten dabei die Beziehungen zwischen der Hybridisierung von Robotern, Gesellschaft und Natur diskutiert werden.

Mit diesem Anspruch erkundet der vorliegende Einführungsband das Gebiet der Biorobotik und beleuchtet ihre wichtigen philosophischen und historischen Aspekte im 20. und 21. Jahrhundert. Er zielt darauf ab, die verschiedenen biorobotischen Praktiken zu erforschen und zu untersuchen, wie bioinspirierte Roboter eingesetzt werden können, um die Beziehungen zwischen Natur, Technologie und Gesellschaft zu gestalten und darüber allgemeinere biologische Fragen zu stellen.

Die übergeordnete These, die ich vertrete, ist, dass die Praxis der Biorobotik eine *Übersetzungsübung* ist, die deutlich macht, wie wichtig es ist, die kognitiven und technischen Anforderungen der Robotik zu verstehen. Indem ich für einen linguistischen Ansatz zum Verständnis der biotechnischen Praxis plädiere, werde ich zeigen, inwiefern das biomimetische Prinzip auf der Praxis der Übersetzung beruht. WissenschaftlerInnen und IngenieurInnen übersetzen nämlich die von den BiologInnen identifizierte Sprache der natürlichen Formen in jene der biorobotischen Objekte. Der Übersetzungsprozess stellt das praktische und funktionale Element in den Vordergrund, das darin besteht, zwei unterschiedliche Elemente zu vereinen und dabei ihre Distanz zu wahren, jedoch zugleich ihre Kommunikationsfähigkeit als Ganzes zu erreichen. Außerdem erörtere ich die Auswirkungen dieses Prozesses auf das Konzept von Subjekt und Objekt, der als ein technologisches Spiel zu verstehen ist. Darüber hinaus betone ich die Bedeutung materieller Strukturen und ihre Relevanz bei der Übersetzung natürlicher Formen in technische Formen, was angesichts der schwer zu formalisierenden materiellen Strukturen keine leichte Aufgabe ist.

Im Rahmen einer praxisorientierten Wissenschafts- und Technikphilosophie, also einer Philosophie, die mit der Analyse von wissenschaftlichen Praktiken beginnt (Tamborini 2022a; Chang 2022; Ankeny u. a. 2011), untersuche ich auf den folgenden Seiten, wie und warum Roboter die Strukturen von Organismen nachahmen und perfektionieren können, um erkenntnistheoretischen Zwecken zu dienen.[1] Die leitenden Fragestellungen der nächsten Kapitel lauten: Welches sind die Wendepunkte bei der Herstellung von Maschinen, die Organismen nachahmen (Kapitel 1)? Inwieweit kann die Biorobotik sinnvollerweise als Wissenschaft oder als Technowissenschaft bezeichnet werden, und welche theoretischen und praktischen Auswirkungen hat diese Unterscheidung (Kapitel 2[2])? Welche Rolle spielt die Modellierungspraxis, und kann die Biorobotik als Übersetzungspraxis betrachtet werden (Kapitel 3[3])? Welche Rolle spielen die Materie und ihre Eigenschaften bei der Konstruktion von Robotern, und wie interagieren Roboter mit Tieren (Kapitel 4)? Was sind biohybride Organismen (Kapitel 5)? Welche ethischen Fragen ergeben sich aus dem biorobotischen Objekt und seiner möglichen Interaktion mit dem Menschen (Kapitel 6)? Wie hat sich das Bild des Menschen durch die Herstellung von bioinspirierten Organismen verändert (Ausblick des Buches)?

Ganz ähnlich wie in dem Gemälde von Klee provozieren die biologisch inspirierten und zusammengesetzten Maschinen und Roboter Fragen zur Ontologie, zu menschlichen und nichtmenschlichen Wesen, zu Natur und Künstlichkeit. Sie stellen die Grenzen zwischen Biologie und Technik, zwischen Illusion, Realität und Möglichkeit infrage und verlangen nach einer Philosophie, die in der Lage ist, ihre Grammatik, ihre Eigenheiten und ihre Möglichkeiten zu erfassen. Dies wird die Aufgabe der folgenden Kapitel sein.

Dank

Dieses Buch ist im Rahmen des DFG-Projekts »Hybride Systeme, Bionik und die Zirkulation von morphologischem Wissen in der zweiten Hälfte des 20. und dem frühen 21. Jahrhundert« entstanden (DFG-Projektnummer 491776489). Einige der in diesem Buch entwickelten Thesen habe ich auf verschiedenen Tagungen vorgestellt. Ich möchte mich bei all den Personen bedanken, die ich an der ETH Zürich, der Universität Padova, beim Exzellenzcluster »Matters of Activity« in Berlin, der Rheinland-Pfälzischen Technischen Universität, der DFG-Kolleg-Forschungsgruppe »Imaginarien der Kraft« an der Universität Hamburg, dem Exzellenzcluster »livMatS« der Universität Freiburg und am Lehrstuhl für Digitales Design an der TU

Darmstadt getroffen habe und die mir produktives Feedback gegeben haben. Mein besonderer Dank geht an Ralf Becker, Christian Bermes, Michele Cardani, Sonja N.K. Daum, Edoardo Datteri, Olivier Del Fabbro, Frank Fehrenbach, Fabio Grigenti, Michael Hagner, Michael Hampe, Steffen Herrmann, Claudia Mareis, Thorsten Moos, Alfred Nordmann, Birgit Recki, Astrid Schwarz, Wolfgang Schäffner, Thomas Speck und Oliver Tessmann.

Andrea Gentili verdient hier eine besondere Erwähnung. Ich habe einige Kapitel des Buches mit ihm besprochen. Seine präzisen Kommentare und Anmerkungen waren eine große Hilfe für mich. Und schließlich möchte ich mich bei Louisa Maria Born für ihre hervorragende Arbeit und die riesige Unterstützung bedanken.

1. Wendepunkte in der Biorobotik: eine philosophisch-historische Betrachtung

Heute wird ein Roboter als eine Maschine definiert, die in der Lage ist, ihre Umgebung oder ihren physischen Zustand zu erfassen, auf Grundlage dieser Informationen zu planen und physische Aufgaben selbstständig auszuführen. Mit anderen Worten, ein Roboter ist eine verkörperte Form der Künstlichen Intelligenz, die aus einem Aktuator, einem Sensor, einer Steuerung und einer Energiequelle besteht (Winfield 2012; Niku 2020; Murphy 2019).

Der Begriff »Roboter« entstand 1921 mit der Premiere von Karel Čapeks Science-Fiction-Drama *R.U.R.: Rossum's Universal Robots*, in dem künstlich geschaffene Wesen agieren, die den perfekten Arbeiter darstellen und die Menschheit von körperlicher Arbeit befreien sollten. Der Ausdruck »Roboter« wurde von Karel Čapeks Bruder Josef Čapek geprägt und leitet sich von dem tschechischen Wort »robota« ab, das »Plackerei« oder »Knechtschaft« bedeutet. In dem Stück werden die Roboter durch die Synthese organischer Substanzen erzeugt, die den in der Natur vorkommenden Stoffen ähnlich sind. Von Menschen sind sie, abgesehen von ihrer größeren Arbeitseffizienz, nicht zu unterscheiden (Čapek 1922).

Die Folgen der Erschaffung von Robotern erweisen sich in dem Theaterstück jedoch als katastrophal. Die Menschheit profitiert nicht von den arbeitssparenden Maschinen, sondern versinkt im Laster, den der Müßiggang nach sich zieht. Außerdem beginnen die Geburtenraten zu sinken. Die Roboter, die sich nun über die ganze Welt ausbreiten, rebellieren gegen ihre Schöpfer und vernichten sie, denn trotz aller Versuche, die Rebellion zu stoppen, sind die Roboter unaufhaltsam. Nachdem der letzte überlebende Mensch in der Fabrik ermordet worden ist, beginnen zwei Androiden, menschliche Gefühle zu zeigen, und ihre Liebe bringt das Leben auf die Erde zurück.

In seiner aufmerksamen Betrachtung der Maschinerie der Arbeit und in seiner dynamischen Erzählweise war Čapeks Stück bahnbrechend. Es wurde in viele Sprachen übersetzt und in mehreren Städten aufgeführt, darunter New York, Berlin, Wien, London und Paris. Mit seinen Themen der Künstlichen Intelligenz und der Folgen menschlicher Hybris bei der Schaffung von Maschinen beeinflusst die Geschichte von *R.U.R.* bis heute das Genre Science Fiction (Ambros 2009). Allerdings waren Automaten und Maschinen, die verschiedene Aspekte der Natur imitierten, lange vor der Popularisierung des Begriffs Roboter im 20. Jahrhundert und dem Entstehen der Biorobotik im 21. Jahrhundert in der menschlichen Kultur präsent.

In diesem Kapitel werde ich einige der Wendepunkte in der Praxis des Designs und der Konstruktion von bioinspirierten Maschinen analysieren. Dabei werde ich die verschiedenen philosophischen Paradigmen beleuchten, die verwendet wurden, um die Beziehung zwischen Natur und Technik zu verstehen und zu bewerten. Diese philosophisch-historische Diskussion soll dabei helfen zu verstehen, was die heutige Biorobotik ausmacht.

1.1 Biotechne: der Hybrid aus Lebendigem und Nicht-Lebendigem

Imaginäre Roboter und sich selbst bewegende Apparate werden in der griechischen Literatur bereits vor mehr als 2500 Jahren von Homer und Hesiod beschrieben. Ein Beispiel findet sich im XVIII. Gesang (369–80) der *Ilias*, als Thetis zu Hephaistos geht, um diesen zu bitten, neue Waffen und Rüstungen für ihren Sohn Achilles herzustellen. Sie findet den »hinkenden Künstler« Hephaistos damit beschäftigt, Dreifüße mit goldenen Rädern herzustellen, die sich »von selbst« (Automaten) bewegen sollen, um zu den Versammlungen der Götter zu gelangen. Diese antiken »wissenschaftlichen Fiktionen« zeigen, wie die Menschen, von Homer bis Aristoteles, ihre Vorstellungskraft nutzten, um darüber nachzudenken, in welcher Weise sich die Natur nachbilden lässt. Diese Wesen wurden »gemacht, nicht geboren« (Mayor 2020, 6).

Auch an anderen Stellen der antiken griechischen Mythologie lässt sich das Konzept eines »Roboters« zurückverfolgen, etwa wo Talos, eine riesige animierte Bronzestatue, von Hephaistos, dem Gott der Schmiede, geschaffen wird, um die Insel Kreta zu bewachen. Talos ist ein Androidenroboter oder Automat, der komplexe, menschenähnliche Handlungen ausführen kann, als ob er sich von selbst bewegt. Als Verteidiger Kretas ist er darauf »programmiert«, Fremde zu erkennen und Felsbrocken auf fremde Schiffe zu schleudern, die sich der Insel nähern. Im Nahkampf kann Talos auch eine grässliche Perversion der universellen Geste von menschlicher Wärme und Schutz, der Umarmung, vollführen, indem er seinen Bronzekörper glühend heiß macht und seine Opfer bei lebendigem Leib röstet (Mayor 2020; Devecka 2013). Die Mythologie einer autonomen, anthropomorphen Maschine hat im Laufe der Geschichte immer wieder die Vorstellung von Robotern, einschließlich der ersten Verwendung des Wortes »Roboter« in Karel Čapeks Science-Fiction-Drama *R.U.R*, inspiriert.

In einigen Versionen des Mythos, darunter die *Argonautica* (Buch IV, 2198–2222), wird Talos in der Tat als technologische Schöpfung beschrieben, und zwar als ein von Hephaistos konstruierter Bronzeautomat, der durch ein internes System aus göttlichem Ichor, dem »Blut der unsterblichen Götter«, angetrieben wird (Mayor 2020, 16). Dies unterstreicht die Vorstellung von Talos als einer fortschrittlichen und hochentwickelten Maschine, die komplexe Aufgaben erfüllen soll und mit übernatürlichen Fähigkeiten ausgestattet ist. Und es unterstreicht auch die Verbindung zwischen Technologie und dem Göttlichen in der antiken griechischen Mythologie, wo die Götter selbst oft als Meister des Handwerks und Erfindens dargestellt wurden – mit Hephaistos als Schutzherr von Erfindung und Technologie. Im Gegensatz zu den anderen Göttern ist er ein Vollzeitarbeiter, Techniker und Ingenieur. Fast jedes Mal, wenn er auftaucht, ist er beschäftigt oder anderweitig in seiner Schmiede zugange, wo er eingeschlossen ist. Talos und andere antike Maschinen wurden als Beispiele für Biotechne, d.h. »handwerklich geschaffenes Leben« (Mayor 2020, 6), gedeutet: »Die Kombination aus lebendigen und nicht-lebendigen Komponenten, die Verschmelzung aus Biologie und metallischer ›Mechanik‹, macht Talos zu einer antiken Cyborg mit biomechanischen Körperteilen.« (Mayor 2020, 39)

Während der hellenistischen Ära entwarfen Heron von Alexandria und andere fähige Ingenieure eine Vielzahl automatisierter Maschinen, die durch Hydraulik und Pneumatik angetrieben wurden. Die Griechen waren sich darüber im Klaren, dass Automaten und andere künstliche Konstrukte in natürlicher Form, ob sie nun real oder erdacht waren, verschiedenen

Reihe »Zur Einführung«

A

Theodor W. Adorno
von Gerhard Schweppenhäuser
7. Aufl., 14,90 Euro [D]
ISBN 978-3-88506-671-2

Giorgio Agamben
von Eva Geulen
3. Aufl., 13,90 Euro [D]
ISBN 978-3-88506-670-5

Hans Albert
von Eric Hilgendorf
13,50 Euro [D]
ISBN 978-3-88506-943-0

Analytische Philosophie
von Albert Newen
3. Aufl., 15,90 Euro [D]
ISBN 978-3-88506-611-8

Anarchismus
von Daniel Loick
3. Aufl., 15,90 Euro [D]
ISBN 978-3-88506-768-9

Angewandte Ethik
von Urs Thurnherr
2. Aufl., 15,90 Euro [D]
ISBN 978-3-88506-322-3

Anthropozän
von Hannes Bergthaller und Eva Horn
3. Aufl., 16,90 Euro [D]
ISBN 978-3-96060-311-5

Antike und moderne Skepsis
von Markus Gabriel
3. Aufl., 14,90 Euro [D]
ISBN 978-3-88506-649-1

Antike politische Philosophie
von Walter Reese-Schäfer
2. Aufl., 15,90 Euro [D]
ISBN 978-3-88506-971-3

Theorien der Arbeit
von Alexandra Manske und Wolfgang Menz
ca. 15,90 Euro (D)
ISBN 978-3-96060-330-6
Erscheint im Dezember 2023

Architekturtheorie
von Jörg H. Gleiter
17,90 Euro [D]
ISBN 978-3-96060-324-5

Hannah Arendt
von Grit Straßenberger
3. Aufl., 14,90 Euro [D]
ISBN 978-3-88506-089-5

Argumentationstheorie
von Josef Kopperschmidt
3. Aufl., 13,90 Euro [D]
ISBN 978-3-88506-320-9

Aristoteles
von Christof Rapp
6. Aufl., 16,90 Euro [D]
ISBN 978-3-88506-690-3

Ästhetik
von Stefan Majetschak
5. Aufl., 14,90 Euro [D]
ISBN 978-3-88506-634-7

Ästhetische Bildung
von Iris Laner
14,90 Euro [D]
ISBN 978-3-96060-300-9

Augustinus
von Johann Kreuzer
2. Aufl., 13,90 Euro [D]
ISBN 978-3-88506-609-5

B

Michail Bachtin
von Sylvia Sasse
2. Aufl., 14,90 Euro [D]
ISBN 978-3-88506-659-0

Roland Barthes
von Ottmar Ette
2. Aufl., 13,90 Euro [D]
ISBN 978-3-88506-694-1

Georges Bataille
von Peter Wiechens
2. Aufl., 15,90 Euro (D)
ISBN 978-3-88506-907-2

Jean Baudrillard
von Falko Blask
4. Aufl., 13,90 Euro [D]
ISBN 978-3-88506-067-3

Begriffsgeschichte
von Falko Schmieder und Ernst Müller
15,90 Euro [D]
ISBN 978-3-96060-317-7

Walter Benjamin
von Sven Kramer
5. Aufl., 13,90 Euro [D]
ISBN 978-3-88506-683-5

Henri Bergson
von Gilles Deleuze
5. Aufl., 14,90 Euro [D]
ISBN 978-3-88506-336-0

Bildtheorie
von Wolfram Pichler und Ralph Ubl
3. Aufl., 15,90 Euro [D]
ISBN 978-3-88506-074-1

Bildungstheorien
von Markus Rieger-Ladich
2. Aufl., 14,90 Euro [D]
ISBN 978-3-96060-304-7

Biophilosophie
von Kristian Köchy
14,90 Euro [D]
ISBN 978-3-88506-650-7

Zwecken dienen konnten, darunter Arbeit, Unterhaltung, religiöse Zeremonien und sogar die Zufügung von Schaden oder Tod (Mayor 2020).

Antike Maschinen und ihre Nachahmung der Natur lassen sich auch in den von Aristoteles entwickelten philosophischen Paradigmen verankern. In seiner *Physik* liefert Aristoteles ein Beispiel dafür, wie die Kunst vollenden kann, was die Natur nicht zu leisten vermag, und diese nachahmt (Aristoteles 1987). Um diesen Punkt zu veranschaulichen, verweist er auf den Bau eines Hauses und kommt zu dem Schluss, dass die Technik Lücken fülle, wo die Natur versagt. Dem Philosophen Hans Blumenberg (1920–1996) zufolge kann dieser Prozess als »Einspringen« der téchne für die Natur bezeichnet werden, und der Bau eines Hauses entspricht dem, was die Natur tun würde, wenn sie selbst Häuser erschaffen könnte. Blumenberg weist darauf hin, dass Aristoteles der Meinung war, Natur und téchne seien strukturell gleich. Für den griechischen Philosophen ist die Natur »autotechnisch«: »Die Natur ist sozusagen autotechnisch, vergleichbar dem Arzt, der sein Können auf sich selbst anwendet.« (Blumenberg 2015, 97) Die Formulierung *ars imitatur naturam* (Kunst ist eine Nachahmung der Natur) vereinfacht jedoch die Verbindung zwischen Natur und Technik zu sehr. Aristoteles betrachtet die Natur aus der Perspektive der Herstellung, und obwohl sie in Bezug auf die Existenz die erste ist, kann sie nur durch die Technik verstanden werden. »Der werksetzende und handelnde Mensch«, so Blumenberg, »stellt sich in die Konsequenz der physischen Teleologie: er vollbringt, was die Natur vollbringen würde, ihr – nicht sein – immanentes Sollen.« (Blumenberg 2015, 104)

Die Wissenschaftshistorikerin Elly R. Truitt hat in ihrem Buch *Medieval Robots: Mechanism, Magic, Nature, and Art* die kulturelle Arbeit der mittelalterlichen Automaten analysiert. Obwohl diese in sehr unterschiedlichen Umgebungen auftauchten und unterschiedliche Formen annahmen, haben mittelalterliche Automaten, sowohl imaginäre als auch gebaute, eine »kulturelle Kohärenz« in ihrer Rolle als mimetische Objekte, die »die Struktur des Kosmos und die Rolle des Menschen darin dramatisieren« (Truitt 2015, 3).[4] Wie Truitt herausarbeitet, dienten Automaten einer Vielzahl komplexer Zwecke, darunter Prophezeiungen, die Stärkung des politischen Prestiges und aristokratischer Verhaltensnormen, Unterhaltung sowie »Gedankenexperimente« über die Quellen, Möglichkeiten, Grenzen und Gefahren des menschlichen Wissens. Da ihr Tun zwischen technischen und divinatorischen Arbeiten angesiedelt war, wurden Automatenbauer eher als »Gelehrte und Magier denn als Handwerker« bezeichnet (Truitt 2015; 2020).

Bis zum 14. Jahrhundert waren Automaten für die französische und die englische Aristokratie häufig Attraktionen der öffentlichen und privaten Unterhaltung in den Parks der Adelshäuser. Als konkrete Objekte realisiert, die nicht mehr nur in imaginären Szenarien auftauchten, dienten sie aber auch politisch machtvollen Zwecken wie der Demütigung und Einschüchterung. Wie etwa der Historiker Carlo Tosco schreibt, »stammt das wichtigste Zeugnis über die Verwendung von Automaten im 13. Jahrhundert von Villard de Honnecourt. In dem Manuskript des französischen Architekten sind drei kuriose Geräte abgebildet: eine Chantepleure, eine Maschine in Form eines Adlers, die Wein ausschenkt, ein rotierender Engel, der immer der Sonne zugewandt ist, und wiederum ein Adler auf einem Lesepult, der seinen Kopf dem Diakon zuwendet, wenn er das Evangelium liest« (Tosco 2019, 159). Tosco stellt in diesem Zusammenhang fest, dass die bevorzugten Automaten solche waren, die die Bewegung von Tieren nachahmten und reproduzierten. Die Frage der Fortbewegung und das Problem, wie man den tierischen Mechanismus in einen technischen übersetzen kann, faszinieren auch die Biorobotik des 21. Jahrhunderts und werden in Kapitel 3 analysiert.

Wie Blumenberg bemerkt, eröffnete sich jedoch um 1450 eine neue Dimension innerhalb der technischen Nachahmung der Natur. Im zweiten Kapitel von Nikolas von Kues' *De mente* erklärt ein Mensch, der zur Bestreitung seines Lebensunterhalts Löffel schnitzt, zwei anderen Menschen, einem Philosophen und einem Rhetoriker, dass er seine Arbeit für wertvoll und wichtig hält. Obwohl das Schnitzen von Löffeln in der Gesellschaft nicht hoch angesehen ist, glaubt er, dass es sich dabei um eine kreative Kunst handle, die die unendliche Kreativität Gottes nachahme. Blumenberg notiert, dass die Löffel, die dieser Mensch herstellt, keine Kopien von irgendetwas in der Natur seien, sondern vielmehr neue Kreationen, die dessen eigene Vorstellung davon widerspiegeln, wie ein Löffel aussehen sollte. Auch wenn das Löffelschnitzen nicht als hohe Kunst angesehen wird, argumentiert der Laie, dass es eine wertvolle und kreative Tätigkeit ist. Blumenberg interpretiert diese Passage als einen Riss in der aristotelischen Identifizierung von Technik und Natur, der einen ontologischen und epistemologischen Raum für vom Menschen geschaffene Objekte eröffne. Diese dienen nicht dazu, die Natur zu perfektionieren, sondern durch ihre Gestaltung eröffnet sich ein autonomer Raum der Erkenntnis von Welt und Natur (Blumenberg 2015).

1.2 Die Verbindung von Wissenschaft und Technik in Leonardos Methode

Einen grundlegenden Wendepunkt in der geschichtlichen Vorläuferschaft der westlichen Biorobotik stellen die Forschungen von Leonardo da Vinci (1452–1519) dar. Mit ihm erlangten das Studium und die Realisierung von Automaten und Robotern weit mehr als eine nur spielerische, theatralische und fantastische Bedeutung, nämlich auch (und vor allem) eine wissenschaftliche und technische, indem Leonardo den erkenntnistheoretischen und ontologischen Status der von der Natur inspirierten Maschinen für das Studium und das Verständnis der Natur selbst betont. Dies wiederum war eine typische Entwicklung im späten 14. Jahrhundert. Elspeth Whitney bemerkt in ihrem Kommentar zum Buch *Medieval Robots*, dass »die Menschen des 12. Jahrhunderts Automaten mit natürlicher und dämonischer Magie in Verbindung brachten und sich nicht die Mühe machten, die Funktionsweise von Automaten als mechanische Objekte zu beschreiben, während die Menschen des 14. Jahrhunderts dazu neigten, die Herstellung von Automaten als auf zeitgenössischer Technologie und Handwerkskunst basierend zu betrachten« (Whitney 2016, 1352).

Eine kleine Anekdote von Giorgio Vasari (1511–1574) kann helfen, die von Leonardo entwickelte Methode und Perspektive zu verstehen. In *Le vite de' più eccellenti pittori, scultori, et architettori* (1568) [»Die Leben der hervorragendsten Maler, Bildhauer und Architekten«] schildert er das Leben und die Werke der großen Künstler, Bildhauer und Architekten. Nachdem er im ersten Band das Leben von Leon Battista Alberti, Botticelli, Perugino usw. untersucht hat, beginnt er den zweiten Band mit dem Leben eines Malers *sui generis*: Leonardo da Vinci (vgl. Bredekamp 2001; Moon 2007; Franzini 1987; Fehrenbach 2019). Bekanntlich verband Leonardo da Vinci, anders als viele andere von Vasari beschriebene Persönlichkeiten, technische und künstlerische Verfahren, um die Natur zu hinterfragen und sie letztlich technisch zu beherrschen. Aus Vasaris Beschreibung seien hier nur einige emblematische Sätze zitiert, die für die These dieser Einführung nützlich sind.

Vasari erzählt uns, dass Leonardo in den Besitz einer Art Holztafel gekommen sei. Nachdem er diese poliert und geglättet hat, beschließt er, sie zu benutzen, um etwas Neues aufzumalen: eine schreckliche Kreatur, die »auf einen heranstürmenden Feind die gleiche furchterregende Wirkung ausübe« (Vasari 2020, 348). Zu diesem Zweck, so berichtet Vasari, habe Leonardo in einem besonderen Zimmer, »das niemand außer ihm je betrat, allerlei Eidechsen, Grillen, Schlangen, Heuschrecken, Nachtfalter, Fledermäuse und ähnliche abstoßende Kreaturen« gesammelt und »stellte aus dem ganzen Haufen ein wahrhaft grässliches Ungeheuer zusammen« (Vasari 2020, 348). Aus deren Vielzahl, erzählt Vasari, schöpfte Leonardo ein sehr schreckliches und furchterregendes Tier, das Gift und Feuer aus seinem Maul und seinen Augen spie. Leonardo versuchte also, ein neues Tier zu formen und darzustellen. Er hatte sich vorgenommen, organische Formen anders zu komponieren. Leonardo, schreibt Vasari weiter, »versenkte sich so in diese Arbeit, dass er den scheußlichen Gestank, den die verwesenden Geschöpfe im Zimmer verbreiteten, vor lauter Kunsteifer gar nicht spürte« (Vasari 1886, 349).

Die von Vasari erzählte Anekdote ist sehr aussagekräftig, weil sie sich auf das Thema möglicher Kompositionen aus natürlichen und künstlichen Formen bezieht: Leonardo experimentierte in der Tat damit, wie eine neue Komposition in der Tierwelt möglich wäre. Und bekanntlich versuchte er nicht nur, neue Organismen aus natürlichen Formen hervorzubringen, sondern auch biotechnische Formen zu schaffen, die durch die Kombination von biologisch inspirierten Artefakten und Funktionsprinzipien entstanden. Der »Ornithopter« etwa ist der berühmte Entwurf Leonardos zu einer bioinspirierten Luftmaschine, die in Form und Funktion genau dem Vogelflug nachgebildet war (Moon 2007; Innocenzi 2018).

Leonardo studierte also die Bewegungen von Vögeln, Fischen und anderen Tieren und nutzte seine Beobachtungen, um Maschinen zu entwickeln, die deren Bewegungen nachahmen. Zudem war da Vinci bekannt für seine Faszination am menschlichen Körper und dessen Bewegungen, und er versuchte, auch diese in seinen Robotererfindungen nachzuahmen. Er entwarf und baute mehrere Roboter, die die Bewegungen der menschlichen Arme, Beine und sogar der Finger imitierten. Diese Maschinen wurden durch ein kompliziertes System von Federn, Zahnrädern und Riemenscheiben angetrieben und waren in der Lage, einfache Aufgaben wie Schreiben und Zeichnen auszuführen.

Der Ritter-Krieger-Roboter ist wahrscheinlich die berühmteste Roboterkreation Leonardo da Vincis. Indem er ein mechanisches Gleichgewicht zwischen den innerhalb des Systems wirkenden Kräften fand, schuf er einen Automaten, der aufstehen, seine Arme und über einen flexiblen Nacken seinen Kopf bewegen sowie seine Kiefer öffnen und schließen konnte. Hauptsächlich aus Holz, aber auch mit Teilen aus Leder, Bronze und Messing konstruiert, funktionierte er über ein System von Seilen und Kabeln. Sein martialisches Aussehen war indes keinem kriegerischen Zweck gewidmet: »Obwohl der Reiter das Aussehen eines Kriegers hat, war er keineswegs dazu gedacht, Feinde einzuschüchtern oder auf dem Schlachtfeld eingesetzt zu werden. Stattdessen sollte er die Gäste bei den höfischen Festen faszinieren und verblüffen.« (Moffatt und Taglialagamba 2019; Battifoglia 2019, 37)

Allerdings erwies sich die Realisierung von Leonardos Androiden und Robotern als schwierig, wenn nicht gar unmöglich, die meisten seiner Studien wurden nur auf dem Papier durchgeführt (was wir heute als Simulation[5] bezeichnen würden). Als er sich daranmachte, von der konzeptionellen zur konstruktiven Arbeit überzugehen, traten Schwierigkeiten auf, weil die Materie verschiedene Eigenschaften zeigte, die a priori schwer zu kontrollieren waren. Trotz dieser tiefgreifenden Probleme zeigt uns die Arbeit von Leonardo aber zwei wesentliche technologiegeschichtliche Wendepunkte: erstens, die Bedeutung der Visualisierung und Rekonstruktion auf Papier, um die Mechanismen der Natur zu verstehen. Diese Arbeit ist unverzichtbar, um (auf dem Papier) die möglichen Verbindungen, die die Teile eines Organismus miteinander verbinden, zu erproben und zu simulieren und sie schließlich zu rekonstruieren; zweitens, den Versuch, die Trennung zwischen Technik und Natur sowie ganz allgemein die Trennung des Wissens der Naturforschung und des Wissens der Technik/Kunst zu überwinden. Mit seiner Methode vereinte Leonardo Wissenschaft und Technik, indem er zeigte, dass die Natur auch ein technisches Werk ist.

Der Philosoph Ernst Cassirer (1874–1945) hat bemerkt, dass Leonardo da Vinci »als Künstler zum Techniker und zum wissenschaftlichen Forscher [wird], wie sich ihm umgekehrt alle Forschung alsbald wieder in technische Probleme und in künstlerische Aufgaben umsetzt« (Cassirer 1930, 79). Und er fügt hinzu: »Diese Entdeckung ist keineswegs allein ein Werk der großen *Naturforscher*, sondern sie geht wesentlich auf Antriebe zurück, die aus der Fragestellung der großen *Erfinder* stammen.« (Cassirer 1930, 79)

1.3 Maschinen als Modelle von Naturformen

Frühe bioinspirierte Maschinen waren nicht nur eine Quelle der Unterhaltung, sondern sie demonstrierten auch die technologischen Fortschritte ihrer Zeit und die Fähigkeiten des menschlichen Designs, die inneren Prinzipien der Natur zu erforschen. Sie waren eine Inspirationsquelle für nachfolgende Generationen von IngenieurInnen und WissenschaftlerInnen, die versuchten, noch raffiniertere biomechanische Geräte zu bauen. Die Entwicklung dieser frühen Automaten erforderte ein hohes Maß an technischem Fachwissen und Kenntnissen in den Bereichen der Mechanik, Uhrmacherei und Kontrollsysteme, die die Grundlage für die Entwicklung fortschrittlicherer biorobotischer Geräte in der Zukunft bilden sollten.

Der französische Philosoph René Descartes (1596–1650) spielt bei der Entwicklung dieser frühen biorobotischen Geräte eine wichtige Rolle, indem er die Ähnlichkeiten zwischen Tieren und Maschinen erkannte. So verglich Descartes das Herz mit einer hydraulischen Pumpe, die Blutgefäße und Nervenstränge mit einem Netz von Röhren und die Funktionsweise des Körpers mit der einer Uhr. Julien Offray, sieur de La Mettrie (1709–1751), ein französischer Arzt, ließ sich später von Descartes' Darstellung der Tiere als Automaten inspirieren und stellte seinerseits den Menschen als eine »vortrefflich eingerichtete Maschine« dar (La Mettrie 2007, 24; Liggieri und Tamborini 2021).

Die Historikerin Jessica Riskin hat indes überzeugend gezeigt, dass es in der Theorie von Descartes keine absolute ontologische Identität zwischen Maschinen und Organismen gibt. Vielmehr, so legt sie dar, habe (bei Descartes) ein wichtiger Unterschied in den Grundstrukturen zwischen Maschine und Tier bestanden: »Uhren atmeten nicht, aßen nicht und gingen nicht, alles Funktionen, die Descartes den tierischen Maschinen zuschrieb. Uhren hatten keine Lebenswärme, eine weitere Eigenschaft, für die nach Descartes die Tiermaschine und nicht eine Seele verantwortlich war.« (Riskin 2016, 50) Obwohl Descartes also keine absolute ontologische Identität zwischen Maschinen und Organismen behauptete, wurde diese später durch eine fehlerhafte Exegese seiner Werke nahegelegt. Diese irreführende Lesart ebnete zum einen den Weg für ein rein mechanistisches Verständnis der Welt, das es den Naturalisten ermöglichte, die Welt so zu erforschen und zu verstehen, als sei sie eine gut konstruierte Maschine, und dabei zu analysieren, wie ihre Teile mechanisch zusammengefügt waren. Zugleich wurde diese geteilte ontologische Identität von Organismus und Maschine auch als überzeugendes Beispiel verwendet, um ein theologisch orientiertes Argument für Intelligent Design zu stützen. Denn wenn Organismen bloße Maschinen oder Uhren seien, müsse es schließlich auch einen Uhrmacher geben, der für ihren Bau verantwortlich ist (Riskin 2016, 2).

Ein weiteres Prinzip, das Riskin in der Gestaltung und Philosophie der Biomaschine im 17. Jahrhundert ausmacht, steht im Gegensatz zur Vorstellung von Organismen als rohen und passiven Maschinen. Dieses Prinzip »vermeidet sorgfältig den Supernaturalismus des ersten Ansatzes, indem es die Handlungsfähigkeit als ein primitives Merkmal der natürlichen Welt wie Kraft oder Materie betrachtet, als einen Aspekt des Stoffes, aus dem die Maschinerie der Natur und insbesondere ihre lebende Maschinerie besteht« (Riskin 2016, 7). Nach dieser Auffassung, die von Gottfried Wilhelm Leibniz (1646–1717) begründet wurde, können Organismen als sich selbst umwandelnde und selbst alternde Maschinen betrachtet werden. Leibniz sah im Organismus eine Handlungsfähigkeit und vertrat die Idee, dass Tiere »unruhige, rastlose, viszerale, aktive, reaktionsfähige« Uhren seien (Riskin 2016, 132).

Die umfassendere philosophische und theoretische Debatte über die mögliche technische Nachahmung natürlicher Formen ist ein allgemeines Merkmal von Roboterunternehmungen und der Herstellung von Maschinen. So ahmte beispielsweise der berühmte Automat »die defäkierende Ente«, der 1739 von dem französischen Designer Jacques de Vaucanson geschaffen wurde, Form und Funktion des Verdauungsapparats einer lebenden Ente nach. Und auch die berühmten Automaten der Schweizer Uhrmacherfamilie Jaquet-Droz (der »Schreiber«, der »Zeichner« und der »Klavierspieler«) wurden dem menschlichen Körper und seinen Bewegungen nachempfunden (insbesondere beim »Flötenspieler«) (Riskin 2016; Voskuhl 2013; Craciun und Schaffer 2016; Liggieri und Tamborini 2022; Riskin 2003a; Moon 2007).

Riskin argumentiert, dass es bei der Kunst des Automatenbaus nicht nur um eine bloße (theatralische oder unterhaltende) Darstellung der Natur gegangen sei, sondern auch um *Simulation*. Sie definiert Simulation in einem modernen Sinne als ein experimentelles Modell, das Eigenschaften des natürlichen Subjekts offenbaren kann, und plädiert zudem für eine Art Kontinuität zwischen dem biomechanischen Design des 18. Jahrhunderts und der Biorobotik von heute: So gebe es »einen gleichzeitigen Glauben an beide Thesen – dass das tierische Leben im Wesentlichen mechanistisch ist und dass das Wesen des tierischen Lebens nicht auf den Mechanismus reduzierbar ist« (Riskin 2003b, 612). Daher »leben wir trotz der wissenschaftlichen und technologischen Veränderungen der letzten zweieinhalb Jahrhunderte im Zeitalter von Vaucanson« (Riskin 2003b, 612).

Das späte 18. und 19. Jahrhundert waren also Zeiten, in denen Maschinen sowohl zur analogen Erklärung von Organismen als auch zu deren Simulation verwendet wurden. Dies bedeutete, dass Maschinen als experimentelle Modelle angesehen wurden, mit deren Hilfe Eigenschaften des natürlichen Subjekts entdeckt werden konnten. Diese Verwendung von Maschinen trug wesentlich dazu bei, das Verständnis der natürlichen Welt zu formen und spezifische biologische und technische Disziplinen zu entwickeln.

Der Philosoph Peter McLaughlin hält fest, dass die Vorstellung, das Universum oder die Natur seien als Maschine zu begreifen, im 18. Jahrhundert ein entscheidender Verständnismodus gewesen sei. Dieser Annahme zufolge können von Menschen geschaffene Maschinen als Repräsentationen bestimmter natürlicher Phänomene und ihrer konstitutiven Gesetze fungieren. Innerhalb eines solchen diskursiven Feldes, in dem es notwendig ist, die Naturgesetze der Weltmaschine vor dem Hintergrund der eigenen technologischen Produktionen darzustellen, stellt sich umso dringlicher die Frage, wie »seriös« jemand ist oder ob die betreffende Person für andere Zwecke »lügt« (McLaughlin 2021; Geiszler 2024). Dieser neue techno-kognitive Ansatz findet also seinen Widerhall in der Figur des bioinspirierten Maschinenbauers: »Zum einen befanden sich Konstrukteure von Automaten in der Geographie der Disziplinen, die durch die klassische begriffliche Wasserscheide von *praxis* und *theoria* sedimentiert worden war, in einer ambivalenten Position ... Zum anderen standen Mechaniker und Automatenbauer zur Zeit der Aufklärung unter Zugzwang, einen humanistischen (Mehr)Wert ihrer Werktätigkeit einer lesenden Öffentlichkeit plausibel zu machen.« (Geiszler 2024, 43)

In der Zeit der Romantik spielten Maschinen eine Schlüsselrolle bei der Überwindung der Dualismen von Natur und Technik, Realität und Fantasie. Entgegen der landläufigen Meinung, wonach Maschinen und Automaten von dieser Geistesströmung zugunsten einer Feier der Lebenskräfte vollständig abgelehnt worden seien, argumentiert der Historiker John Tresch, dass Maschinen sich in dieser Zeit tatsächlich mit dem Fantastischen verbanden (Tresch 2012). Durch den Einsatz von Maschinen und Automaten konnten die Menschen der Realität entkommen und waren in der Lage, manipulativen Einfluss auf die Natur zu nehmen. Wissenschaft und Technik hatten Wege gefunden, die verborgenen Kräfte der Natur erfolgreich zu modifizieren, so dass es nicht länger notwendig war, Wissenschaft und Technik zu trennen. Die mechanischen Romantiker strebten eine Einheit zwischen dem menschlichen Bewusstsein und der Natur an, aus der es hervorgegangen war, und versuchten, durch mechanische Kunst eine organische Gesellschaft und einen organischen Kosmos zu schaffen. Wie Mark Coeckelbergh resümiert: »Ganz allgemein gehört auch der Wunsch, das Getrennte zu vereinen, vielleicht auch das Bestreben, den Dualismus zu überwinden, zum romantischen Erbe. Die Suche nach Nondualität in Bezug auf Mensch und Technik zum Beispiel könnte sich durchaus als eine weitere Form der modern-romantischen Mystik erweisen. Und da unser Denken so sehr mit den Geräten verwoben ist, die wir benutzen, bedeutet die Überwindung der Moderne vielleicht auch die Erforschung neuer Technologien.« (Coeckelbergh 2017b, 6)

1.4 Biotechnik

Ein Wissenschaftler, der von der Idee, die »technischen Formen« der Natur zu imitieren, maßgeblich beeinflusst wurde, war Raoul Heinrich Francé (1874–1943), ein Botaniker, Mikrobiologe und Schriftsteller aus Österreich-Ungarn. Er war ein Pionier der Biotechnik im Deutschland der Zwischenkriegszeit und wurde zu einem erfolgreichen Wissenschaftspublizisten, nachdem er eine akademische Karriere abgelehnt und 1904 zusammen mit Wilhelm Bölsche die *Kosmos*-Schriftenreihe gegründet hatte. Seine Bücher *Die Pflanze als Erfinder* (1920) oder *Das Leben der Pflanze* (1921) propagierten die organischen Werte der Harmonie, der Integration und des Gleichgewichts in Natur und Gesellschaft, die unter dem Begriff »Biozentrismus« bekannt wurden (Botar und Wünsche 2017; Francé 1939; 1920; 1928). Francés Werke hatten einen bedeutenden Einfluss auf die künstlerischen Avantgarden des 20. Jahrhunderts, indem sie es als ihre Aufgabe verstanden, der modernen Gesellschaft mittels ihres organischen Naturverständnisses Stabilität und Werte zurückzugeben (Tamborini 2022a; Vollgraff 2021; Vollgraff und Tamborini 2023).

Francé schlug die Theorie der Biotechnik vor, ein Programm zur Nachahmung der »technischen Formen« der Natur, dem zufolge alle natürlichen Formen technisch sind und es keine technische Form gibt, die nicht auf die Formen der Natur zurückgeführt werden kann. Er war der Meinung, dass die Pflanzen die menschlichen Werkzeuge, Maschinen und Architekturen bereits vorweggenommen hätten, bevor der Mensch die Erde betreten habe, und dass unsere Konstruktionen diese Formen lediglich imitieren. So verglich er u.a. Unterwasseralgen mit Torpedos, Kiefernpollen mit Heißluftballons und Baumwurzeln mit Wasserrohren. Francé naturalisierte die moderne Industrie, indem er die Natur mimetisch an die industrielle Technik anpasste.

Anstatt die vermeintliche Allmacht der »Maschine« abzulehnen, wie es für die damalige Kulturkritik typisch war, machte Francé es sich zur Aufgabe, die Natur nach dem Vorbild der Industrie zu domestizieren und »Natur« und »Kultur« im Zeichen des Funktionalismus zu verschmelzen. Dies kann durchaus als etwas schräge Vorwegnahme der ontologischen Hybridität gesehen werden, die die zeitgenössische Biorobotik und andere biohybride Disziplinen kennzeichnet. Francés Arbeit fußte auf der

Ansicht, dass die Menschheit ihre Einzigartigkeit, ihre Intelligenz und ihren Einfallsreichtum überschätzt habe, und räumte mit der anthropozentrischen Weltsicht auf, indem er Maschinen ein neues, naturinspiriertes Leben schenkte und sie auf dieselbe ontologische Ebene stellte wie lebende Organismen.

Francés Theorie der Pflanzenerfindung basierte auf der Theorie der »Organprojektion«, die der Philosoph Ernst Kapp (1808–1896) 1877 entwickelt hatte. In seinem 1877 erschienenen Buch *Grundlinien einer Philosophie der Technik* vertrat dieser die starke These, dass die Technik auf einem Prozess beruhe, den er als Organprojektion bezeichnete: ein Prozess, bei dem die Form und Funktion eines bestimmten menschlichen Organs in ein technisches Gerät übertragen und materialisiert werde – ein Hammer etwa habe seinen Ursprung in einer geballten Faust (Kapp 1877; Scholz und Maye 2019; Tamborini 2022a). Francé kritisierte zwar das Konzept der Organprojektion als metaphysisches Erbe (Francé 1939, 128), aber er übernahm es doch als allgemeines Erklärungsprinzip für das Organdesign. Die Pflanze machte er so, anstelle des menschlichen Körpers, zu seinem idealen mechanischen System und mimetischen Reservoir von Formen. Die vom Menschen hergestellten Geschosse erklärte Francé beispielsweise zu »unbewussten Imitationen« von Geißelalgen und eine Zuckerfilterpresse zur »Projektion« einer mikroskopischen Pflanzenfaser (Francé 1923).

1.5 Kybernetische Maschinen

Seit den 1940er Jahren eröffneten die Informationstheorie und die Kybernetik, die Wissenschaft von der Steuerung und Kommunikation in Maschinen und Organismen, eine neue Perspektive auf das Konzept der Roboter. Im Gegensatz zu ihren Vorgängern, die ausschließlich mechanische und arbeitende Maschinen waren, besaßen die neuen Maschinen, die zum Gegenstand dieser Wissenschaft wurden, nun die Fähigkeit, Informationen zu verarbeiten und zu handhaben. Diese Veränderung markierte einen sprachlich-kulturellen Wandel, mit dem die Idee eines »Geistes« in die Maschine einzog (Liggieri, Tamborini und Del Fabbro 2023; Liggieri und Tamborini 2021). Außerdem zielt die Kybernetik darauf ab, Tier und Maschine vergleichend zu untersuchen, indem sie sich nur auf das äußere Verhalten bezieht. So wird die Frage nach dem Inneren (dem Wesen) und dem Aufbau des Organismus völlig beiseitegelassen: Das Äußere, das Verhalten, bleibt als einziges und unbestreitbares Datum der Untersuchung (Cordeschi 2002; Wiener 1948).

Als sich die kybernetische Analyse von Organismen weiterentwickelte, schlug der deutsche Philosoph und Kybernetiker Gotthard Günther (1900–1984) zwei grundlegende Konzepte von Maschinen vor. Die erste war die klassische archimedische Maschine, die, ähnlich wie ein menschlicher Arm oder ein menschliches Bein, Arbeit durch Bewegung und Kraft verrichtet. Die zweite hingegen war eine Maschine, die das menschliche Gehirn nachahmt und nicht mehr Arbeit leistet, sondern Informationen erzeugt (Liggieri 2019a; 2014; Heßler und Liggieri 2020).

Dieser theoretische und praktische Rahmen veranlasste die Kybernetiker, den menschlichen Körper zu analysieren und als Gesamtheit mit Maschinen und technischen Geräten zu vergleichen. Mit der Betonung von rationalem, kognitivem, zielgerichtetem und problemorientiertem Handeln rückte das »Gehirn« als zentrales Organ ab Mitte des 20. Jahrhunderts in den Fokus. Die Kybernetik erkannte es als das einzige Organ an, das nach transklassischen Prinzipien funktioniert, und erhob es im Gegensatz zur Input-Output-Regelung der mechanischen Puppen zu einem komplexen Apparat.

Die Idee eines »elektronischen Gehirns«, die sich auf die Interdependenz von Gehirn und Computer bezog, wurde zu einem Leitmotiv der Kybernetik (Ashby 1956; McCulloch 2003; Copeland 2012). So schrieb der deutsche Philosoph Max Bense (1910–1990) 1955 im Vorwort zur deutschen Auflage von Louis Couffignals *Denkmaschinen* (*Les Machines à Penser*, 1952): »Nicht die Erfindung der Atombombe ist das entscheidende technische Ereignis unserer Epoche, sondern die Konstruktion der großen mathematischen Maschinen, die man, vielleicht mit einiger Übertreibung, gelegentlich auch Denkmaschinen genannt hat.« (Bense 1955, 7) An diesem epochalen Übergang von arbeitsverrichtenden zu informationsprozessierenden Maschinen zeigt sich deutlich ein Bruch im Denken.

Folgt man diesem Ansatz, so kann Logik »in natürlichen wie in künstlichen Systemen« in Materie »verkörpert und ausgedrückt« werden (Dupuy 2000; Hörl 2008, 171). Damit gibt es allerdings auf abstrakter Ebene keine Trennung mehr zwischen dem denkenden Körper und der »denkenden« (rechnenden) Maschine. Das Denken, welches rein logisch als »Verknüpfen von Zeichen zu Aussagen« gesehen wurde, erschien als »subjektlose[r] Prozess«, und Natur/Materie sowie Mensch/Maschine wurden unter dem Leitbegriff der Information analog gedacht (Hörl 2008, 172).

Die kybernetischen Informationsmaschinen, von denen hier die Rede ist, produzieren keine »Energieformen« mehr, so Klaus Joachim Brauser 1966, sondern »Organisation« (Brauser 1966, 35; Liggieri 2019b). Damit gelangt eine neue, Disziplinen überschreitende Vorstellung von »Organisation« in den Diskurs (Günther 1963, 33). Diese Idee von kybernetischer »Organisation« verbindet Biologie und Technologie unter einer Anwendungsoption. Die Organisation bietet modulare Eingriffsmöglichkeiten, da sie aus verschiedenen Regelkreisen mit Feedback besteht (Toepfer

2011, 157–160 Band 3). Der Regelkreis als »einheitsstiftendes Element« ist damit zentral für ein technisches wie auch anthropologisches Modell, da er als »Kausalring«, so der einflussreiche deutsche Kybernetiker Hermann Schmidt, nicht nur mehr ist als eine »Kausalkette der Steuerung«, sondern gleichzeitig ein »Ganzes« bildet, welches ebenso auf außertechnische (biologische) Aspekte bezogen werden kann: »Er [der Regelkreis] ist das universelle Gebilde der Technik« sowie »Organisationsform des lebendigen Leibes« (Schmidt 1953, 181). Das Bild des Regelkreises, der sich durch Feedback selbst steuert, in den man aber auch von außen eingreifen kann, ist zentral für die Idee eines entsprechenden Modellierens. Die quantitative Auffassung von Regelkreisen, Information und Organisation bringt somit die Idee des Eingreifens mit sich. »Alles, was wir über Organismen lernen«, formuliert der Neurophysiologie Warren McCulloch klar und deutlich, »führt uns nicht nur zu dem Schluß, daß sie analog sind zu Maschinen, sondern zu dem, daß sie Maschinen sind. Vom Menschen gemachte Maschinen sind keine Gehirne, aber Gehirne sind eine bisher kaum verstandene Art von Rechenmaschinen. Die Kybernetik hat geholfen, die Mauer zwischen der großen Welt der Physik und dem Ghetto des Geistes abzureißen.« (Hörl 2008, 175)

1.6 Von den kybernetischen »Schildkrötenrobotern« zum »Roboter-Ansatz«

Zu Beginn des 20. Jahrhunderts und mit der Etablierung der Kybernetik als wissenschaftliche Disziplin erleben wir einen ersten Wendepunkt in der Definition und Anwendung des biomimetischen Prinzips. Denn nunmehr wurden verschiedene Arten von Automaten in klarer Ablehnung des Nachahmungsprinzips, das bei der Konstruktion von Maschinen im 18. und 19. Jahrhundert verwendet wurde, entworfen und gebaut. Die »Schildkrötenroboter« waren eine der berühmtesten kybernetischen Maschinen, die den Wandel vollständig verkörpern sollten. Die beiden Roboter dieses Typs – Elmer und Elsie – wurden 1949 von dem Kybernetiker William Grey Walter (1910–1977) entworfen. Angetrieben von Elektromotoren, rollten die Schildkrötenroboter durch das Haus des Kybernetikers in Bristol. Sie handelten selbstständig, suchten nach Licht und luden ihre Batterien auf, wenn der Strom zur Neige ging. Auf ihren Runden fuhren die Roboter um Hindernisse herum und steuerten auf die nächstgelegene Lampe zu. Wenn das Licht für ihre Fotozellen zu stark wurde, setzten sie zurück.

Obwohl diese Maschinen mit einem Schildkrötenpanzer aus Pappe und der Anordnung der Augen in der Mitte nicht wie echte Schildkröten aussahen, wurden sie konstruiert, um das Verhalten eines Organismus zu simulieren. Die Idee war, dass sich die Maschinen wie Lebewesen »verhalten« und selbstständig »lernen«. Während dieser Simulationen versuchten die Wissenschaftler, Zugang zu den neurologischen Aktivitäten der Schildkröten zu erhalten. Konstruiert wurden diese und andere Maschinen als »biologisch inspirierte, gehirnähnliche Geräte« und zur Unterstützung kognitiver Studien eingesetzt (Husbands, Holland und Wheeler 2008, 19). Die Maschinen wurden entwickelt, um das Verständnis von Lernprozessen zu unterstützen, und in dieser Praxis erleben wir die erste Verschiebung. Die Kybernetiker spielten ein Element der Definition von Mimesis, nämlich das Kopieren des Form-Funktions-Komplexes von Organismen, herunter. Umgekehrt betonten sie den simulativen Ansatz, der durch die Konstruktion von Robotern, die Organismen vage ähneln, eröffnet wird.

Wie der Philosoph und Wissenschaftshistoriker Roberto Cordeschi zu Recht festgestellt hat, nehmen uns die Roboter der Kybernetik »weder durch das ziemlich realistische Aussehen, das die Automaten früherer Jahrhunderte kennzeichnete, die vor allem das äußere Erscheinungsbild von Tieren und Menschen nachahmten«, für sich ein. Im Gegenteil, ihr Ziel ist ein erklärtermaßen nicht-mimetisches (Cordeschi 2002, 28:xiv). Dieser Perspektivenwechsel beruhte auf dem robotischen Ansatz bei der Untersuchung behavioristischer Phänomene. Der amerikanische Psychologe Clark Hull (1884–1952) definierte diesen Ansatz in der Mitte des 20. Jahrhunderts. In seinem 1943 erschienenen Buch *Principles of Behavior* dachte Hull ausführlich darüber nach, wie man zu einer objektiven Theorie des Verhaltens gelangen könne. Als Anhänger der neobehavioristischen Schule schlug er eine Prophylaxe vor, um den Subjektivismus loszuwerden, der den Fortschritt und die Gültigkeit der Verhaltenswissenschaft unterminiere. Subjektivismus, so erklärte er, führe zu Vitalismus und Emergentismus und damit zur Einführung unnötiger metaphysischer Substanzen bei der Erklärung von Verhalten, wie etwa Hans Drieschs Begriff der Entelechie. Hulls Lösung bestand darin, »den sich verhaltenden Organismus von Zeit zu Zeit als einen komplexen, sich selbst erhaltenden Roboter zu betrachten, der aus Materialien besteht, die uns selbst so unähnlich wie möglich sind« (Hull 1943, 27).

Wie von Hull dargelegt, eröffnete dieser Ansatz der Robotik die Möglichkeit, sich mit den Funktionen des menschlichen Körpers zu befassen und zu überlegen, wie eine mögliche Form konstruiert sein sollte, um eine bestimmte Funktion zu erfüllen. Hull stellte fest, dass WissenschaftlerInnen nicht dazu neigen, Robotern, anders als organischen Körpern, metaphysische Substanzen zuzuschreiben, die für verschiedene Funktionen verantwortlich sind. Vielmehr erklären sie die Funktion von Robotern auf eine mechanische Weise. Hull vermerkte ausdrücklich: »*Die Einführung einer Entelechie würde das Problem der Konstruk-*

tion eines Roboters nicht wirklich lösen, denn es bliebe immer noch das Problem der Konstruktion der Entelechie selbst.« (Hull 1943, 28; kursiv im Original) Und, so schloss er, »der Ansatz des Roboters hilft uns also dabei, die ganz natürliche, aber kindische Tendenz zu vermeiden, einfache, aber falsche Lösungen für unsere Probleme zu wählen« (ebd.).

Hull betonte dann die Möglichkeit, verschiedene Funktionen durch die konkrete Konstruktion von Robotern und anderen Maschinen zu simulieren und zu materialisieren. Der robotische Ansatz konzentrierte sich auf die Funktion; er unterstrich die Bedeutung der Leistung und die Möglichkeit, »verschiedene psychologische Hypothesen über die Natur des Denkens zu testen«, indem man das Verhalten eines Roboters nutze (Ross 1935, 387).

Wie Cordeschi betont hat, »zielten die präkybernetischen Maschinen, genau wie die Maschinen des kybernetischen Zeitalters und die Maschinen in verschiedenen aktuellen Forschungsbereichen, darauf ab, Funktionen zu simulieren, und nicht darauf, das äußere Erscheinungsbild lebender Organismen zu reproduzieren« (Cordeschi 2002, 28:xiv). Wissenschaftler wie Hull und Ross begannen mit der Entwicklung von Maschinen, die als funktionierende Modelle eines physikalischen Prozesses gedacht waren. Durch simulative Maschinen wurde das Problem der Nachahmung von Organismen in Bezug auf das mögliche Verständnis der Beziehung zwischen Form und Funktion neu formuliert. Die Idee war nicht, die Natur an sich zu imitieren, sondern sie zu simulieren, und zwar durch den Bau von Maschinen, die den Form-Funktions-Komplex ausführen (und nachahmen) können. Auf der Grundlage einer technowissenschaftlichen Logik, die ihre Basis in der Philosophie des 17. Jahrhunderts sieht, stellten sich Wissenschaftler dem Problem, wie Automaten verwendet und konstruiert werden können, um Verhaltens- und kognitive Prozesse zu verstehen.

Es gibt mehrere historische Gründe für die veränderte Rolle der Biomimetik bei der Entwicklung von Robotern. Zumindest zwei davon sind hier erwähnenswert. Erstens wurde in der ersten Hälfte des 20. Jahrhunderts die Frage der Möglichkeit einer technischen Nachahmung der Natur und der Herstellung von Automaten in eine breitere Debatte über einen vitalistischen, einen mechanistischen oder einen organizistischen Ansatz zur Lösung des Problems der Evolution einbezogen. Denn diese drei Richtungen stritten sich um den bevorzugten Rahmen für biologische Erklärungen. Die Vitalisten forderten metaphysische Kräfte, so wie der Biologe Driesch, als er den aristotelischen Begriff der Entelechie vorschlug; die Mechanisten befürworteten eine starke Identität zwischen Maschine und Organismus; und die Organiker hielten an der ontologischen Autonomie der Organismen gegenüber den Maschinen fest, ohne vitale Kräfte einzuführen, und postulierten stattdessen emergente Eigenschaften. Wie die meisten BiologInnen und BioingenieurInnen des frühen 20. Jahrhunderts bezog auch Hull in dieser Debatte Stellung. Er argumentierte gegen den Vitalismus und für den Mechanismus, wobei er den robotischen Ansatz als ein starkes Argument für den Mechanismus nutzte.

Zweitens basierte der robotische Ansatz der ersten Hälfte des 20. Jahrhunderts auf einem eigentümlichen Konzept der Form, das ich an anderer Stelle als »architektonisch« definiert habe (Tamborini 2021; 2022b). Der/die IngenieurIn darf sich nicht auf die ästhetische Struktur des Objekts konzentrieren, sondern muss vielmehr die Teile untersuchen, aus denen die Form besteht. Die Qualitäten und intrinsischen Eigenschaften der Materialien und die Grammatik einer möglichen Komposition sind die wichtigsten Elemente, die für den Bau technischer Formen erforderlich sind. Der Begriff der Form, sowohl der organischen als auch der technischen, wurde als eine Konstruktion oder als die Vereinigung von Teilen aus möglichen Elementen verstanden. Im Prozess der Konstruktion hat die Nachahmung der Natur eine begrenzte Rolle und Funktion.

1.7 Die heutige Biorobotik

In den 1980er Jahren entstand ein neuer Bereich der Bionik, der sich auf das Studium biologischer Systeme stützte, insbesondere auf die Bewegung und das Verhalten von Tieren (Dario, Sandini und Aebischer 1993). Dieser als »neue Bionik« bezeichnete Ansatz konzentrierte sich auf die Nutzung biologischer Prinzipien und Strukturen, um Roboter zu entwerfen und zu entwickeln, die auf natürlichere und anpassungsfähigere Weise mit ihrer Umgebung interagieren können. Als Ergebnis dieses Ansatzes wurde die Natur zu einer Inspirationsquelle, die in der Praxis der Biorobotik des 20. und 21. Jahrhunderts als selbstverständlich angesehen wird.

Die implizite Selbstverständlichkeit und das Verständnis der Natur in der Biorobotik des 21. Jahrhunderts werden durch die Integration von Künstlicher Intelligenz (KI) und Robotik noch deutlicher. Wie wir gesehen haben, verwendete die Kybernetik Analogien wie positive und negative Rückkopplung, Verhalten und Organismus, um Maschinen und den menschlichen Körper zu beschreiben. Der Schwerpunkt lag jedoch in erster Linie darauf, die Struktur und Funktion des Organismus anhand der Struktur und Funktion der Maschine zu erklären, und nicht umgekehrt.

Um sich von der Kybernetik abzugrenzen und den Weg zur Symbolik und Abstraktion zu bereiten, organisierten John McCarthy, Marvin Minsky, Nathaniel Rochester und Claude Shannon 1956 einen Workshop über denkende Maschinen. Dort schlugen sie zum ersten Mal den Begriff »Künstliche Intelligenz« vor, wobei sie davon ausgingen, dass jeder Aspekt des Lernens und der Intelligenz genau beschrieben werden könne, so dass eine Maschine in der Lage sei, ihn jeweils zu simulieren. Das Ziel war es, Maschinen in die Lage zu versetzen, Sprache zu verwenden, Konzepte und Abstraktionen zu bilden, Probleme zu lösen, deren Bearbeitung vorher nur Menschen vorbehalten gewesen war, und sich selbst zu verbessern.

Die daraus resultierenden Expertensysteme, die auf Programmierung, Logik und regelbasierten Systemen gründen, konnten sehr spezielle Probleme effizient lösen, waren also entsprechend hochspezialisiert und stellten keine allgemeine KI dar. Dies führte zu der Unterscheidung zwischen starker KI und schwacher KI, wobei starke KI die vollständige Simulation eines intelligenten Menschen bezeichnet, die bisher allerdings noch nicht erreicht worden ist. Modelle wie MuZero haben zwar Fortschritte beim Spielen von Brettspielen wie Go, Schach und Pac-Man gemacht, aber sie stellen immer noch hochspezialisierte Systeme dar.

In den letzten Jahren ist die KI zunehmend in die Biorobotik integriert worden, um ausgereiftere und intelligentere Roboter zu schaffen. So werden z.B. Algorithmen des maschinellen Lernens eingesetzt, um Robotern beizubringen, verschiedene Reize zu erkennen und darauf zu reagieren, während Computer Vision und Techniken zur Verarbeitung natürlicher Sprache eingesetzt werden, um eine bessere Interaktion zwischen Menschen und Robotern zu ermöglichen. Die Integration von KI und Biorobotik hat dabei auch zur Entwicklung von Robotern geführt, die von ihrer Umgebung lernen und ihr Verhalten entsprechend anpassen können, ähnlich wie es lebende Organismen tun.

All diese Entwicklungen erforderten ein methodisches Nachdenken über Biorobotik. In ihrem 2001 erschienenen bahnbrechenden Buch *Biorobotics: Methods and Applications* bezeichneten die Wissenschaftler Barbara H. Webb und Thomas R. Consi tierähnliche Roboter als Bioroboter und definierten die Disziplin wie folgt: »Biorobotik ist ein neues multidisziplinäres Gebiet, das die doppelte Verwendung von Biorobotern als Werkzeuge für Biologen, die das Verhalten von Tieren studieren, und als Testobjekte für die Untersuchung und Bewertung biologischer Algorithmen für mögliche Anwendungen in der Technik umfasst.« (Webb und Consi 2001, VII) Als Indiz für die wachsende Bedeutung des Themas können die Entstehung akademischer Zeitschriften, von Bachelor- und Masterstudiengängen sowie eine starke Resonanz in der breiten Öffentlichkeit und die dadurch begflügelte Fantasie gelten. So bringt das Wochenmagazin *Der Spiegel* alle fünf bis zehn Jahre einen Roboter auf die Titelseite und stellt die Frage, ob dieser Arbeitsplätze stehle und die menschliche Gesellschaft zum Schlechteren verändere.

Die Schlagzeilen des *Spiegel* sind Teil eines größeren Diskurses über die Emotionen, die von technischen Geräten erzeugt werden (Heßler 2020). Diese wurden 1919 von Freud als das »Unheimliche« beschrieben, was später in dem Konzept des *uncanny valley* gipfelte, das sich auf die negativen emotionalen Reaktionen auf Roboter bezieht, die als quasi menschlich erscheinen. Durch interdisziplinäre und pluralistische Ansätze verschiebt die Biorobotik weiterhin die Grenzen unseres Verständnisses der natürlichen Welt und trägt gleichzeitig zur Entwicklung neuer Technologien bei, denen eine ontologische Autonomie und eine besondere Grammatik eignen, wie Hans Blumenberg uns in Erinnerung ruft. Blumenberg stellte sogar fest: »das Kunstwerk will nicht mehr etwas *bedeuten*, sondern etwas *sein*« (Blumenberg 2015, 123). Diese beiden Ansätze von Biorobotern als Werkzeug und Testobjekt in der Natur finden sich in der heutigen Biorobotik wieder: Roboter, insbesondere im Feld der interaktiven Robotik (siehe Kapitel 2), haben diesen ontologischen Anspruch.

Bioinspirierte Technik beschränkt sich nicht auf die Entwicklung von Maschinen, die die Formen und Eigenschaften der Natur nachahmen und reproduzieren. Ein weiterer Forschungsbereich auf diesem Gebiet ist die Entwicklung von Prothesen und Exoskeletten. Eines der ersten motorisierten Exoskelette (der Hardiman) wurde in den späten 1960er Jahren von General Electric entwickelt. Der Nachkriegsboom in Amerika führte zu vielen Erfindungen, der Hardiman war die Zukunftsvision für die Verbesserung des Menschen.

In den 1960er und 1970er Jahren erforschten WissenschaftlerInnen tragbare Computer und eröffneten das Feld der *augmented reality*. In den 1980er Jahren entwickelte Steve Mann den ersten tragbaren Computer, den er *WearComp* nannte. In den 1990er Jahren wuchs das Interesse an mobilen Technologien, und ForscherInnen begannen, entsprechende Anwendungen im Gesundheitswesen, im Sport und in der Unterhaltung zu erforschen. Das Massachusetts Institute of Technology (MIT) Media Lab spielte eine wichtige Rolle bei der Förderung der Forschung in diesem Bereich, und viele der tragbaren Geräte von heute wie z. B. Fitness-Tracker haben ihren Ursprung in dieser Arbeit.

In den frühen 2000er Jahren begann die Forschung im Bereich der kollaborativen Technologien und der *Human-robot interaction* an Fahrt zu gewinnen. Forscher untersuchten den Einsatz von Robotern im Gesundheitswesen, im Bildungswesen und in anderen Bereichen. Eines der ersten Beispiele eines kollaborativen Roboters war der Kismet-Roboter, der in den späten 1990er Jahren am MIT entwickelt wurde und mit Menschen interagieren und Emotionen zeigen sollte.

Um jedoch zu verstehen, was die Biorobotik heute ist, was ihre Wissensansprüche und die Eigenschaften der biotechnologischen Objekte, die sie hervorbringt, sind, sollte man einen genaueren Blick auf die Wissenschaft und Technologie werfen, wie sie in der täglichen Praxis betrieben und hergestellt werden. In diesem Sinne kann die Biorobotik als ein interdisziplinäres Feld betrachtet werden, das Wissen und Techniken aus Bereichen wie Robotik, Biologie, Neurowissenschaften und Materialwissenschaften kombiniert, um Maschinen zu entwickeln, die Aufgaben oder Funktionen ausführen können, welche jene von lebenden Organismen nachahmen oder ergänzen.

1.8 Wendepunkte in der technischen Nachahmung der Natur

In unserem Verständnis der Beziehung zwischen Natur und Technik sowie der Rolle von Kunst und Kreativität bei der Nachahmung und technischen Perfektionierung der Natur hat es in der Geschichte einige bedeutende philosophische Wendepunkte gegeben. Diese Verschiebungen lassen sich bis zum Beginn unserer Betrachtung in der Antike zurückverfolgen, als die Biotechnik durch Maschinen wie Talos veranschaulicht wurde, die man sich als Hybride aus lebenden und nicht-lebenden Teilen vorstellte. Die philosophischen Paradigmen des Aristoteles untersuchten die Beziehung zwischen Kunst, Natur und Technik, wobei die Kunst als autotechnischer Akt der Vervollkommnung und Nachahmung der Natur angesehen wurde.

Ein bedeutenderer Wandel vollzog sich dann im 15. Jahrhundert, als vom Menschen geschaffene Objekte nicht mehr nur als technische Nachahmungen der Natur betrachtet wurden. So argumentierte der Löffelschnitzer, den wir in Kapitel 1.1 kennengelernt haben, dass seine Arbeit ein schöpferischer Akt sei, der die unendliche Kreativität Gottes nachahmt. Diese Sichtweise betonte die autonome Natur der menschlichen Schöpfung und die Widerspiegelung persönlicher Ideen im Endprodukt.

Im späten 18. und 19. Jahrhundert spielten Maschinen bei der Gestaltung des Verständnisses der natürlichen Welt eine entscheidende Rolle und führten zur Entwicklung der modernen Technologie. In der Epoche der Romantik wurde Maschinen die Fähigkeit zugeschrieben, Dualismen zwischen Natur und Technik sowie zwischen Realität und Fantasie zu überwinden.

Im frühen 20. Jahrhundert trug Francés Überzeugung, dass alle natürlichen Formen technisch sind und dass Pflanzen menschliche Werkzeuge und Maschinen vorweggenommen hätten, noch bevor der Mensch existiert habe, ein Weiteres zu der Idee bei, die Natur nach dem Vorbild der Industrie zu domestizieren. Diese Ansicht verschmolz »Natur« und »Kultur« unter dem Zeichen des Funktionalismus – ein weiterer kritischer Wendepunkt.

Die Einführung der Informationstheorie und der Kybernetik in den 1940er Jahren führte zu einem sprachlich-kulturellen Wandel in der Vorstellung von einem »Geist«, der in die Maschinen einzieht. Die Kybernetik unterstellte eine Kontinuität zwischen dem denkenden Körper und der denkenden und rechnenden Maschine, ein Übersteigen der bisherigen Bioinspiration auf die Ebene der Form.

Schließlich kam es zu einer Verschiebung der Perspektive von der Kopie des Form-Funktions-Komplexes von Organismen hin zu einem simulativen Ansatz, der durch die Konstruktion von Robotern eröffnet wurde, die Organismen vage ähneln. Dies markiert den jüngsten philosophischen Wendepunkt, der das Problem der Nachahmung von Organismen mit Blick auf das mögliche Verständnis der Beziehung zwischen Form und Funktion durch simulative Maschinen neu definiert hat.

Die Biorobotik ist als Ergebnis der langjährigen philosophischen Diskussionen über die Verbindung zwischen Technik und

Natur und die Rolle der Kreativität bei der Nachahmung und Verfeinerung natürlicher Prozesse entstanden. Sie hat sich von einem Konzept der grundlegenden technischen Nachahmung der Natur zu einem umfassenderen simulationsbasierten Ansatz entwickelt, der unser Verständnis für den Zusammenhang zwischen Struktur und Funktion in lebenden Organismen verbessert. Im Laufe dieser Entwicklung hat sich die Hauptfrage von der Rolle der Naturnachahmung zu der Frage entwickelt, inwieweit bioinspirierte Roboter Einblicke in die Funktionsweisen lebender Organismen geben können. Im Wesentlichen hat sich der Schwerpunkt von der Technologie, die die Natur nachahmt, auf die Erforschung der potenziellen Synergie zwischen Technologie und Natur als zwei unterschiedliche Entitäten verlagert, die bei den technischen Aktivitäten funktional miteinander verbunden sind. Wie ich auf den nächsten Seiten ausführlich darlegen werde, kann diese Verbindung als eine Aktivität der Übersetzung einer Sprache (der biologischen) in eine andere (die technische) angesehen werden. Bei diesem Übergang erhält das Stück bioinspirierter Technik eine neue Stabilität, und zwar nicht als bloße Kopie der Natur, sondern als ein Objekt mit einer eigenen Grammatik, die bestimmte Spiele des Technologischen ermöglicht.

Nachdem hier die philosophischen Wendepunkte in der Geschichte der Biorobotik skizziert worden sind, ist es nun wichtig, tiefer in das Feld einzutauchen und seine verschiedenen Formen und Praktiken zu erkunden. Im nächsten Kapitel werde ich die verschiedenen Arten der Biorobotik und die Art und Weise, wie sie in der Wissenschaft, im Ingenieurwesen und in den Technowissenschaften eingesetzt werden, untersuchen. Auf diese Weise können wir ein besseres Verständnis dieses interdisziplinären Bereichs und seiner potenziellen Auswirkungen auf unser Leben und die Welt um uns herum gewinnen.

2. Biorobotik zwischen Wissenschaft und Technowissenschaft

Im Laufe ihrer Geschichte hat die Robotik häufig mit Forschungsbereichen interagiert, die sich mit der Untersuchung der Morphologie, des Verhaltens und der Kognition lebender Systeme befassen (Tamborini 2022a). Diese Interaktion wurde oft als bidirektional bezeichnet. Einerseits hat sich die Robotik häufig von den Verhaltens-, Kognitions- und Neurowissenschaften inspirieren lassen, um Roboter zu bauen, die reaktionsfähiger, effizienter, flexibler und anpassungsfähiger sind. Das Ergebnis dieses Ansatzes wird häufig als biologisch inspirierte Robotik bezeichnet, die in der wissenschaftlichen und methodologischen Literatur ausführlich diskutiert wurde (vgl. z.B. R.D. Beer u.a. 1998; R.D. Beer u.a. 1997; Trullier u.a. 1997; Pfeifer, Lungarella und Iida 2007; Krichmar 2012). Andererseits wurde gelegentlich die Behauptung aufgestellt, dass die Robotik zur Erforschung des adaptiven und intelligenten Verhaltens lebender Systeme beitragen kann. Dieser Bereich wurde Biorobotik genannt (für methodische Übersichten siehe Webb und Consi 2001; Datteri 2020b; Datteri und Tamburrini 2007; Datteri 2017, 201; Tamborini 2021).

Man könnte glauben, dass die Unterscheidung zwischen biologisch inspirierter Robotik und Biorobotik die Unterscheidung zwischen Technik und Wissenschaft widerspiegelt. Während die erstere als ein Bereich konzipiert wurde, der sich mit der

Entwicklung effizienter technologischer Artefakte beschäftigt, scheint die zweite dem Studium und dem Verständnis natürlicher Systeme gewidmet zu sein. Dies wäre jedoch ein Fehler. Es mag gute Gründe geben, die biologisch inspirierte Robotik als Wissenschaft zu betrachten. Nicht nur, weil sie sich stark auf die Wissenschaft stützt, sondern auch, weil es keinen Grund gibt zu leugnen, dass die Ergebnisse der biologisch inspirierten Robotik in irgendeiner Weise zum wissenschaftlichen Verständnis lebender Systeme beitragen können, vielleicht sogar auf lange Sicht. Außerdem beinhaltet die Konstruktion biologisch inspirierter Roboter Phasen der Hypothesenbildung und des Testens, die wissenschaftlichen Prozessen ähneln (wie von Van Eck 2016; Poznic 2016; Yaghmaie 2021 ausführlich dargelegt).

Die Biorobotik hingegen kann als Wissenschaft *sui generis* betrachtet werden. Sie zielt darauf ab, adaptives und intelligentes Verhalten durch den Bau technologischer Artefakte zu verstehen, und die Experimente, die sie durchführt, finden meist an Robotern statt oder beziehen diese mit ein. Innerhalb der Biorobotik lassen sich mehrere verschiedene Praktiken mit unterschiedlichen wissenschaftlichen Zielen ausmachen.

Zunächst sollte, erstens, die »klassische« Biorobotik definiert werden: Dabei handelt es sich um das Studium biologischer Systeme, Strukturen und Prozesse, um Robotersysteme zu entwickeln, die diese imitieren oder replizieren. Ausgehend von diesen Robotern besteht das Ziel dann darin, Wissen über das biologische System zu erlangen. Ein zweiter spezieller Zweig der Biorobotik, die interaktive Biorobotik (Datteri 2020), umfasst Experimente, bei denen untersucht wird, wie Tiere auf Reize reagieren, die von Robotern ausgehen. Auch wenn die Biorobotik oft als ein Bereich angesehen wird, der sich mit der Erforschung lebender Systeme befasst, handelt es sich um Experimente mit technologischen Artefakten oder mit dem Verhalten lebender

Systeme in technologisch vermittelten Umgebungen. Drittens, Biorobotik als Bioengineering: Dies ist die Anwendung ingenieurwissenschaftlicher Prinzipien, um biologische Systeme und Geräte zu entwerfen und zu entwickeln, einschließlich medizinischer Roboter und Prothetik. Viertens, evolutionäre Robotik: Sie ist mit der Verwendung von evolutionären Algorithmen für den Entwurf und die Entwicklung von Robotersystemen befasst, die die evolutionären Prozesse der natürlichen Auswahl und Anpassung nachahmen. Fünftens, Soft Robotics: Hier handelt es sich um das Design und die Entwicklung von Robotern, die aus flexiblen und verformbaren Materialien wie Polymeren und Elastomeren bestehen, um die Bewegungen und das Verhalten von biologischen Organismen nachzuahmen. Und schließlich, sechstens, der Zweig der biohybriden Systeme: Dort werden hybride Systeme entwickelt, die biologische und künstliche Komponenten wie biologisches Gewebe und synthetische Materialien kombinieren, um neue Arten von Robotern und Geräten zu schaffen.

Inwieweit kann Biorobotik sinnvollerweise als Wissenschaft bezeichnet werden? Die Antwort auf diese Frage hängt davon ab, wie der Begriff »Wissenschaft« definiert wird und ob das, was in der Biorobotik getan wird, mit dieser Bedeutung übereinstimmt. Ich werde hierzu die Unterscheidung zwischen »Wissenschaft« und sogenannter »Technowissenschaft« nutzen (Nordmann, Bensaude-Vincent und Schwarz 2011; Bensaude-Vincent, Loeve und Nordmann 2011; Nordmann 2006; Bensaude-Vincent u.a. 2017).

In diesem Kapitel wird sich zeigen, dass man innerhalb der Biorobotik zwischen zwei Arten von Bemühungen unterscheiden kann, von denen die eine als technowissenschaftlich und die andere als wissenschaftlich bezeichnet wird. Zudem soll erläutert werden, wie sich diese Unterscheidung treffen lässt. Die Unterscheidung beruht auf dem Inhalt der wissenschaftlichen Fragestellung, für die hier Gültigkeit beansprucht wird.

Um den Weg für die nachfolgende Analyse zu ebnen, wird im nächsten Abschnitt die Unterscheidung zwischen Wissenschaft und Technowissenschaft genauer beleuchtet. Danach werde ich detailliert drei verschiedene Arten von Biorobotik klassifizieren: die klassische, die vom Körper inspirierte und die interaktive Biorobotik. Dies wird es mir ermöglichen, über den Begriff des Untersuchungsgegenstands in der Biorobotik nachzudenken. Zunächst werde ich mich aber mit der sogenannten »synthetischen Methode« befassen. Diese wurde verwendet, um den Begriff der Biorobotik (und anderer biologisch inspirierter Disziplinen) zu charakterisieren und zu vereinheitlichen – den unterschiedlichen Methoden und epistemischen Zielen der verschiedenen Methodologien in der Biorobotik zum Trotz.

2.1 Die synthetische Methode

Die klassische Biorobotik verwendet in der Regel die sogenannte »synthetische Methode«. In seinem bahnbrechenden Artikel von 1989 führt Christopher Langton den »synthetischen Ansatz« als die für künstliches Leben geeignete Methodik ein.[6] Die von ihm gewählte Formel besagt, dass die Aufgabe der Auseinandersetzung mit künstlichem Lebens darin besteht, »lebende Dinge zusammenzufügen«, »anstatt sie auseinanderzunehmen« (Langton 1997, IX). Die Aufgabe des technischen Lebens bestand also darin, verschiedene Elemente konstruktiv zusammenzubringen. Dieses Prinzip hat zu Beginn der 2000er Jahre einen neuen Impuls erhalten. Rolf Pfeifer und andere definierten es epistemologisch. Sie stellten fest, dass die synthetische Methode als »Verstehen durch Bauen« betrachtet werden kann.

Die synthetische Methode ist, wie Cordeschi ausführlich erörtert hat, eine besondere Form des »surrogativen Denkens« (Cordeschi 2002). Damit meinte er, dass die synthetische Methode eine experimentelle Strategie und eine Form des wissenschaftlichen Denkens ist, bei der das Robotermodell R für einen bestimmten Zweck verwendet wird, nämlich um den Mechanismus zu entdecken, der das Verhalten des modellierten Systems L bestimmt. Wie Edoardo Datteri, Thierry Chaminade und Donato Romano bemerkt haben, »handelt es sich um einen vergleichenden Ansatz. Der Roboter (R) implementiert einen Mechanismus (Mech), von dem man annimmt, dass er einige Aspekte des Verhaltens von L hervorruft.« (Datteri, Chaminade und Romano 2022, 2)

Luisa Damiano, Antoine Hiolle und Lola Cañamero haben darauf hingewiesen, dass die synthetische Methode nach wie vor die drei Hauptzweige des Artificial Life (AL) vereint. Die in den letzten zwei Jahrzehnten entwickelten Simulationen und Nachahmungen von lebenden Systemen durch künstliche Systeme wurden in von Software gestützte (»weiche AL«), robotische (»harte AL«) und chemische (»nasse AL«) unterteilt. Trotz ihrer Unterschiede erfüllen sie alle diese Verfahren in der synthetischen Methode und stimmen in ihrer Charakterisierung überein. Darüber hinaus betonen Damiano, Hiolle und Cañamero, dass all diese Teildisziplinen den »genuin wissenschaftlichen Anspruch dieser Methodik teilen, im Gegensatz zu den hauptsächlich technologischen Zielen anderer Forschungsprogramme innerhalb der Informatik, Robotik und synthetischen Biologie« (Damiano, Hiolle und Cañamero 2011, 1). Außerdem heben die WissenschftlerInnen hervor, dass die synthetische Methode eine operationelle Definition der wissenschaftlichen Erklärung in Anschlag bringt, nach der die Erklärung eines Phänomens darauf hinausläuft, einen Mechanismus vorzuschlagen und zu beschränken, der es erzeugen kann. Daher wird die synthetische Methode als das vereinheitlichende Prinzip angesehen, das die Biorobotik als kohärente wissenschaftliche Aktivität definiert. In diesem Sinne stehen die wissenschaftlichen Ziele im Vordergrund und nicht die technischen Produkte.

2.2 Wissenschaft und Technikwissenschaft

Die Unterscheidung zwischen Wissenschaft und Technowissenschaft kann anhand mehrerer Dimensionen vorgenommen werden. Alfred Nordmann zufolge zeichnet sich die Technowissenschaft beispielsweise durch eine Aufhebung von Distanz aus. Das bedeutet, dass sie versucht, die Kluft zwischen Theorie und Praxis, Darstellung und Intervention sowie Wissen und Handeln zu beseitigen. Mit anderen Worten: In der Technowissenschaft geht es nicht nur darum, die Natur darzustellen, sondern auch darum, in sie einzugreifen, um neue Phänomene zu erzeugen. Die beiden Fragen, die Wissenschaft und Technowissenschaft charakterisieren, lauten: Wie weisen die Wissenschaften die Übereinstimmung von Darstellung und Wirklichkeit nach? Und für die Technowissenschaft: Welches ist das Verhältnis von Wissen und Können in den vielfältigen Fertigkeiten des Bauens und Machens, des Manipulierens und Modellierens? Die technowissenschaftliche Hinterfragung erfordert eine andere Herangehensweise an die Wissensproduktion, die sich auf materielle Bedingungen und Interventionen stützt und nicht nur auf theoretische Darstellungen.

Nordmann stellt auch fest, dass die Technowissenschaft nur einen Weg kennt, neues Wissen zu gewinnen, nämlich indem sie zunächst eine neue Welt schafft. Das bedeutet, dass die technowissenschaftliche Forschung nicht von den materiellen Bedingungen der Wissensproduktion und den Eingriffen, die zur Herstellung und Stabilisierung von Phänomenen erforderlich sind, losgelöst werden kann. In der technowissenschaftlichen Forschung der Gentechnik, Nanotechnologie und synthetischen Biologie geht es um die Schaffung neuer Organismen oder Materialien mit spezifischen Eigenschaften (Nordmann 2012).

Ganz allgemein gesprochen liegt der Hauptunterschied zwischen Wissenschaft und Technowissenschaft laut Nordmann in ihren epistemischen Strategien. Die Wissenschaft stützt sich auf theoretische Darstellungen der Natur, während die Technowissenschaft versucht, den Abstand zwischen Theorie und Praxis zu verringern, indem sie in die Natur eingreift, um neue Phänomene zu erzeugen.

Allerdings ist nur eine dieser beiden Strategien besonders nützlich für die Beantwortung der Frage, die in diesem Kapitel behandelt wird, nämlich ob und unter welchen Bedingungen die Biorobotik als Wissenschaft verstanden werden kann. Die Dimension, die hier von Interesse ist, betrifft den Gegenstand der Untersuchung. Bei einigen Forschungsbemühungen – den technowissenschaftlichen – ist der Untersuchungsgegenstand ein technisches Artefakt oder ein Phänomen, das maßgeblich von technischen Artefakten beeinflusst wird. In anderen Fällen – d.h. in der Wissenschaft, wie sie typischerweise verstanden wird – ist der Untersuchungsgegenstand kein technisches Artefakt oder ein Phänomen, das nicht wesentlich durch technische Artefakte beeinflusst wird. Diese Unterscheidung ist nicht frei von Problemen, und eines davon ist das folgende: Wenn man den Begriff des technischen Artefakts weit genug ausdehnt, sind alle wissenschaftlichen Bemühungen technowissenschaftlich. Wie von mehreren WissenschaftsphilosophInnen erörtert (vor allem von Hacking 1983), formen technologische Artefakte immer die Kontexte, in denen natürliche Phänomene beobachtet und untersucht werden.

Dieses Problem wird hier teilweise umgangen, da sich der Fokus der folgenden Diskussion auf eine bestimmte Klasse von technologischen Artefakten beschränkt, nämlich auf Robotersysteme. Diese Einschränkung ermöglicht es, eine vernünftige Unterscheidung zu treffen zwischen Forschungsbemühungen, die als technowissenschaftlich eingestuft werden können – bei denen der Untersuchungsgegenstand ein Robotersystem oder ein Phänomen ist, das maßgeblich von Robotersystemen beeinflusst wird –, und wissenschaftlichen Bemühungen, deren Untersuchungsgegenstand nicht-robotisch ist oder ein System, das nicht maßgeblich von Robotersystemen beeinflusst wird. Beide Arten von Forschungsbemühungen sind in der Biorobotik anzutreffen, was zu der vorläufigen Schlussfolgerung führt, dass einige, aber nicht alle biorobotischen Studien als wissenschaftlich angesehen werden können.

In neueren methodologischen Analysen des Feldes wurde vorgeschlagen, dass drei große Arten von Biorobotik identifiziert werden können, die als klassische, interaktive und körperorientierte Biorobotik bezeichnet werden (Datteri 2020a; Datteri und Tamburrini 2007). Diese wiederum fassen die meisten der zuvor gruppierten biorobotischen Praktiken zusammen und definieren sie neu.

2.3 Klassische, körperorientierte und interaktive Biorobotik

2.3.1 Klassische Biorobotik

In der klassischen Biorobotik implementiert der Roboter eine theoretische Hypothese über den Mechanismus, der das Verhalten des lebenden Zielsystems bestimmt. Indem man beobachtet, ob er das Verhalten des lebenden Systems in ausreichendem Maße reproduziert, lässt sich die Hypothese, dass der implementierte Mechanismus auch das Verhalten des Zielsystems steuert, vorläufig bestätigen oder verwerfen. In diesem Fall interagiert der Roboter nicht mit dem lebenden Zielsystem, sondern er *simuliert* es in gewissem Sinne (Datteri und Schiaffonati 2019).

Ein paradigmatisches Beispiel für klassische Biorobotik ist bei Bou Mansour und KollegInnen (Mansour u.a. 2019) zu finden. In Umgebungen voller Hindernisse empfängt das Sonarsystem von Fledermäusen viele interferierende und sich überlappende Echos. Wie gelingt es Fledermäusen, schnell durch diese Lebensräume zu fliegen und dabei Hindernissen auszuweichen? Nach der von Bou Mansour und KollegInnen formulierten Hypothese können Fledermäuse »die Intensität des Echos im linken und im rechten Ohr vergleichen. Wenn der Beginn der Echofolge im linken (rechten) Ohr lauter ist, dreht die Fledermaus nach rechts (links) ab« (ebd., 2). Diese Hypothese hat in Simulationen gut funktioniert. Die Literatur deutet jedoch darauf hin, dass Fledermäuse auch eine akustische Blickabtastung durchführen, d.h., sie bewegen ihren Kopf (und damit ihr Sonarsystem) relativ zu ihrer Körperachse entsprechend den Unterschieden zwischen den Ohrgeräuschen. Trägt die Blickabtastung zur effizienten Hindernisvermeidung bei? Um diese Frage zu beantworten, haben die Autoren zwei hypothetische Mechanismen auf einem mobilen Roboter implementiert. Der erste basierte ausschließlich auf dem interauralen Vergleich: Der Kopf wurde immer auf die Körperachse ausgerichtet (Strategie des fixierten Kopfes). Die andere Hypothese kombinierte die akustische Blickabtastung mit dem interauralen Vergleich (akustische Blickabtastungsstrategie). Die Wahl einer robotergestützten Implementierung anstelle einer Computersimulation wurde wie folgt begründet: »Im Vergleich zu Computermodellen sind Robotermodelle besonders hilfreich, wenn die Modellierung der

Physik und der Dynamik der Interaktion des Tieres mit der Umwelt schwierig ist [...]. In diesem Fall müssen Berechnungsmodelle oft auf Vereinfachungen zurückgreifen, die die Gültigkeit der Ergebnisse einschränken können.« (ebd., 3)

Die beiden Kontrollstrategien wurden in realen Umgebungen getestet, die viele störende Echos an die Sensoren des Roboters zurückschickten. Was die Anzahl der Kollisionen angeht, schnitt bei den experimentellen Versuchen die Strategie mit dem fixierten Kopf besser ab als die akustische Blickabtastung. Dieses Ergebnis wurde zum einen als Hinweis auf die Leistungsfähigkeit des Robotersystems interpretiert: »Die Ergebnisse bestätigen, dass die robuste, auf der interauralen Differenz basierende Strategie zur Hindernisvermeidung, die zuvor in der Simulation vorgeschlagen wurde [...], den Roboter auch unter sehr anspruchsvollen Bedingungen von Hindernissen wegführt.« (ebd., 13) Andererseits wurde das Verhalten des Roboters als empirischer Beweis für eine theoretische Hypothese über die Fledermausnavigation herangezogen: »Wenn die Komplexität der Umgebung die Fledermaus daran hindert, die räumliche Anordnung der Umgebung zu erkennen, ist das Scannen mit dem Blick nachteilig.« (ebd., 14) In der Tat »könnten die begrenzten räumlichen Informationen, die durch die interauralen Unterschiede bereitgestellt werden, nicht ausreichen, um den Blick in informative Richtungen zu lenken. Insbesondere könnten unter diesen Bedingungen die Kosten dafür, dass man nicht in die Richtung schaut, in die man geht, den begrenzten Nutzen des Umschauens überwiegen.« (Ebd., 14)

In dieser für die klassische Biorobotik paradigmatischen Studie implementierte der Roboter eine theoretische Hypothese (eigentlich zwei konkurrierende Hypothesen in verschiedenen Phasen) über den Mechanismus, der das Verhalten des lebenden Zielsystems (Fledermausnavigation) kontrolliert. Durch die

Beobachtung, ob der Roboter das Verhalten des lebenden Systems in ausreichendem Maße reproduzierte (d.h. ob er schnell durch unübersichtliche Umgebungen navigieren konnte), wurde die Hypothese, dass eine der beiden implementierten Hypothesen (die Strategie des fixierten Kopfes) die Navigation von Fledermäusen steuert, vorläufig bekräftigt. Diese Studie war nicht interaktiv, da sie keinerlei Interaktion zwischen dem Roboter und den Fledermäusen beinhaltete.[7]

2.3.2 Körperorientierte Biorobotik

Wie im vorigen Kapitel gezeigt, geht es bei der Biorobotik nicht nur um den Bau von Robotern, die bioinspiriert sind. Die Planung und das Design von Robotern, die in einem menschlichen Umfeld zusammenarbeiten, die Entwicklung von Exoskeletten zur Unterstützung, Rehabilitation oder Verbesserung menschlicher motorischer Funktionen sowie das Design fortschrittlicher Roboter-Gliedmaßen sind auch einige der Themen, die die Biorobotik charakterisieren. Der gemeinsame Nenner dieser technischen Aktivitäten ist die Beziehung zum Körper, seiner Form und dem Komplex seiner Funktionen. Dies sollen einige konkrete Beispiele veranschaulichen. Bei der Entwicklung von Exoskeletten und Roboterhandprothesen gehen die WissenschaftlerInnen genau von der Form und Funktion des menschlichen Körpers aus. Außerdem stellen sie in ihrer Praxis die Möglichkeit einer tiefen Beziehung und Symbiose zwischen der Nutzung der Roboterprothese und dem Menschen in den Mittelpunkt. Diese tiefe Interaktion zwischen Roboter und Körper steht auch im Mittelpunkt der aktuellen biorobotischen Forschung beim Übergang vom Exoskelett zum Exosuit. Das Exosuit-Design besteht anstelle der starren Verbindungen herkömmlicher Exoskelette, die den menschlichen Bewegungsapparat durchgängig unterstützen, aus Geweben und Metamaterialien, die die menschlichen Gliedmaßen nur in der Betätigungsphase unterstützen. Diese Lösung ist besonders effektiv bei Anwendungen, bei denen die menschliche Biomechanik eine Stützstruktur bereitstellen kann, während die Betätigung und Übertragung von Drehmoment und Kraft nicht durch menschliche Gelenke erfolgen kann (Xiloyannis u. a. 2021).

Ein weiteres Beispiel für die körperorientierte biorobotische Anwendung liefert die Geriatronik (Gisinger 2018; Bendel 2018). In diesem Bereich werden Roboter entwickelt, die einige Funktionen des menschlichen Körpers nachahmen und integrieren, um mit älteren Menschen in Kontakt zu treten. Insbesondere muss nicht nur die manuelle Geschicklichkeit des Körpers, sondern auch seine Mimikry in den Mittelpunkt gestellt werden, um eine mögliche Beziehung und Zusammenarbeit mit den BenutzerInnen zu erreichen.

In all diesen und vielen anderen Fällen besteht der Zweck des Baus von bioinspirierten Robotern nicht darin, einen Organismus zu simulieren und dann weitere biologische Fragen zu stellen. Im Gegenteil geht es darum, einige Teile eines Organismus nachzuahmen, um ein technologisches Artefakt zu schaffen, das einen Zweck an sich und/oder in der möglichen Interaktion mit einem Benutzer erfüllt. In der Tat geht es nicht darum, weitere wissenschaftliche Fragen zu stellen, eine biologische Theorie zu testen oder einen biologischen Mechanismus einzubauen und zu materialisieren, sondern ganz einfach darum, einen möglichen Form-Funktions-Komplex des Ausgangsorganismus technisch zu beherrschen und diesen Komplex technologisch unabhängig zu machen.

2.3.3 Interaktive Biorobotik

Die interaktive Biorobotik wählt einen anderen Ansatz. Die Rolle des Roboters besteht nicht darin, das zu untersuchende System zu *simulieren*, sondern es zu *stimulieren*. Theoretische Schlussfolgerungen über das Verhalten des lebenden Systems – in der Literatur meist als fokales System bezeichnet – ergeben sich aus der Analyse von dessen Reaktionen auf den Roboter. Die interaktive Biorobotik ist eingesetzt worden, um das Verhalten von Fischen (Phamduy u. a. 2014), Heuschrecken (Romano, Benelli und Stefanini 2019), Staren (Butler und Fernández-Juricic 2014), Wachtelküken (de Margerie u. a. 2011), Bienen (Michelsen u. a. 1992) und anderen Lebewesen zu untersuchen (für einen umfassenden Überblick siehe Romano u. a. 2019). Sie soll hier in einer kursorischen Betrachtung von zwei Studien veranschaulicht werden.

Die erste Studie betrifft die Schwimmbewegungen von Zebrafischen (Ruberto u. a. 2016). Die Autoren testeten die Rolle von zwei Faktoren: realistisches vs. nicht-realistisches Aussehen und die Art der Bewegung (dreidimensionale realistische Bewegung, zweidimensionale Bewegung und überhaupt keine Bewegung). Zu diesem Zweck richteten sie eine Versuchsplattform ein, auf der die Rolle des Zebrafisches A von einem Roboter gespielt wurde, der ein realistisches oder nicht-realistisches Aussehen haben und eine der drei zuvor genannten Bewegungsarten erzeugen konnte. Zebrafisch B – das Fokussystem – war ein echter Zebrafisch, der im selben Becken wie A schwamm. Das Verhalten von Zebrafisch B wurde im Hinblick auf Geschwindigkeit und Beschleunigung, Abstand zum Roboter, Zeitbudgetierung entlang der Wassersäule und Schwarmverhalten unter Bedingungen analysiert, die sich von den Eigenschaften von A unterschieden. In den Experimenten wurde der Fokalfisch B weder von der statischen realistischen Nachbildung noch von dem sich bewegenden nicht realistischen Roboter angezogen. Stattdessen wurde er »von der dreidimensionalen, sich bewegenden Nachbildung angezogen, und diese Anziehungskraft ging verloren, wenn entweder seine visuelle Erscheinung oder seine Bewegung kontrolliert wurde« (ebd., 11).

Es ist anzumerken, dass diese vorläufige Schlussfolgerung – die das wichtigste Ergebnis der Studie ist – speziell die Faktoren betrifft, die die Anziehungskraft von Zebrafischen auf Roboterfische bestimmen. Dabei lässt sich davon ausgehen, dass sich das Interesse der Autoren auf das Schwarmverhalten bei echten Fischen konzentrierte, also auf Phänomene, die im Kontext dieser Studie nicht durch Robotersysteme beeinflusst wurden. Die Autoren wiesen jedoch sorgfältig darauf hin, dass sie »die Verhaltensreaktion von Zebrafischen auf eine biologisch inspirierte dreidimensionale gedruckte Nachbildung untersucht haben«. Und sie machten auch auf einige einschränkende Faktoren des Roboteraufbaus aufmerksam, darunter »die teilweise Gleichmäßigkeit der Bewegung, die dem Stab [, der die Nachbildung mit dem Antriebssystem verbindet,] verliehen wird, die mechanische Steifigkeit der Nachbildung und die rudimentäre Kontrolle ihrer Ausrichtung«. Ein weiterer potenziell einschränkender Faktor, den die Autoren benannten, war die Tatsache, dass die Interaktion zwischen dem Roboter und dem fokalen Fisch unidirektional war: Die Bewegung des Roboters wurde nicht durch die gleichzeitige Bewegung des fokalen Fisches beeinflusst, wodurch sich das Interaktionsszenario deutlich von realen Kontexten unterschied. Es ging hier nicht darum, dass die Versuchsumgebung einschränkende Faktoren aufwies, die bei wissenschaftlichen Experimenten immer vorhanden sind. Der wichtige Aspekt, den es zu beachten gilt, ist, dass die Autoren dieser Studie es sorgfältig vermieden haben, gefährliche Verallgemeinerungen von Ergebnissen zur Interaktion zwischen Robotern und Tieren auf Ergebnisse zur Interaktion zwischen Tieren und Tieren zu übertragen. Mit anderen Worten, sie haben ihre experimentellen Ergebnisse auf theoretische Schlussfolgerungen über die Interaktion von Zebrafischen mit Robotern übertragen, ohne weitere Rückschlüsse auf die Interaktion von Zebrafischen untereinander zu ziehen.

Die zweite hier betrachtete Studie zur interaktiven Biorobotik betrifft das Verfolgen von Blicken unter Staren (Butler und Fernández-Juricic 2014). Blickverfolgung tritt auf, wenn Individuum B seine Aufmerksamkeit auf den Ort des Blicks von Individuum A richtet. Da dies bei Menschen ein weit verbreitetes Phänomen ist, stellt sich die Frage: Kommt das Verfolgen von Blicken auch bei Staren vor? Um diese Frage zu klären, gingen die AutorInnen der Studie mit demselben Ansatz vor wie bei der Zebrafischstudie. Sie bauten zwei Roboter, die die Rolle von A spielten und die Form und das Aussehen eines männlichen und eines weiblichen Stares nachahmten. Die Roboter konnten den ganzen Körper drehen und Bewegungen mit dem Kopf nach unten und nach oben ausführen. In jeder Versuchssitzung spielten der Roboter die Rolle von Individuum A und ein echter Star die Rolle von B. Der Roboter konnte auf den fokussierten Star oder auf einen anderen Punkt P blicken. Die Experimentatoren maßen die Blickposition von B und die Kopfbewegungsrate (bei einigen Vogelarten führt die Fixierung zu einer Erhöhung der Kopfbewegungsrate). Die Ergebnisse deuten darauf hin, dass der Roboter in der Lage war, die Aufmerksamkeit des fokussierten Stars zu lenken: Genauer gesagt war die Wahrscheinlichkeit, dass B den Punkt P anschaute, signifikant höher, wenn der Roboter auf P blickte, als wenn der Roboter den Star anschaute. Zu beachten ist dabei, dass diese Überlegung sich darauf bezieht, wie der Star auf starenähnliche Roboter reagiert. Es handelt sich um eine theoretische Schlussfolgerung zur Interaktion zwischen Tieren und Robotern. Anders als bei der Zebrafischstudie beziehen die AutorInnen diese Ergebnisse jedoch auf die Dynamik der Tier-Tier-Interaktion, wenn sie feststellen, dass »dies unseres Wissens der erste Bericht über ein Nicht-Säugetier ist, das seine Aufmerksamkeit als Reaktion auf das Orientierungsverhalten von Artgenossen bei einer Spezies mit seitlich platzierten Augen geometrisch neu ausrichtet. Dies deutet darauf hin, dass Stare den Ort der Aufmerksamkeit ihrer Artgenossen erkennen« (ebd., 4). Die AutorInnen dieser Studie vollziehen mit ihrem Schluss einen Sprung, der in der Zebrafischstudie fehlt.

Es geht hier nicht darum, ob die Schlussfolgerungen, die in der Zebrafischstudie und der Starenstudie gezogen wurden, tatsächlich Geltung beanspruchen dürfen (eine Frage, die in Datteri 2020a behandelt wird). Diese Überlegungen sind rein deskriptiv und sollen helfen, eine Unterscheidung zwischen zwei möglichen Verwendungen von Tier-Roboter-Interaktionsdaten zu treffen. Wie hier angedeutet, werden in einigen Fällen, wie z.B. bei der Zebrafischstudie, experimentelle Ergebnisse verwendet, um theoretische Schlussfolgerungen darüber zu untermauern, wie das Verhalten von Tieren durch Roboter beeinflusst wird. In anderen Fällen, wie z.B. bei der Studie über Stare, werden die Ergebnisse auf das interaktive Verhalten von Tieren ohne Robotereinfluss übertragen.

Bislang habe ich mehrere grundlegende Methoden der Biorobotik unterschieden: 1. Der Roboter simuliert und integriert einen möglichen biologischen Mechanismus. Das Ziel ist es, biologische Fragen über den Ausgangsorganismus zu stellen. 2. Der Roboter wird aus einigen Merkmalen des Körpers geformt. Das Ziel ist es, ein völlig autonomes technisches System zu schaffen, das bestimmte Funktionen ausführen kann. 3. Der bioinspirierte

Roboter simuliert nicht, sondern befindet sich in der möglichen Interaktion zwischen Organismus und Roboter und ermöglicht dann theoretische Schlussfolgerungen über das Verhalten des Ausgangsorganismus (siehe Tabelle 1 auf der folgenden Seite).

Im nächsten Abschnitt werde ich analysieren, was der Gegenstand der Untersuchung in den drei gerade beschriebenen Formen der Biorobotik ist.

2.4 Der Untersuchungsgegenstand der Biorobotik

Der Überblick über einige biorobotische Studien im vorangehenden Abschnitt hat den Weg für eine genauere Charakterisierung der Unterscheidung zwischen wissenschaftlicher und technowissenschaftlicher Forschung in der Biorobotik geebnet. Wie in der Wissenschaft im Allgemeinen können die experimentellen Ergebnisse in der Biorobotik direkt oder indirekt auf eine Vielzahl von theoretischen Hypothesen zurückgeführt werden. Dabei kann man vorläufig zwischen zwei Umständen unterscheiden. In einigen Fällen werden die experimentellen Ergebnisse auf eine theoretische Hypothese angewendet, die (in der klassischen Biorobotik) das Verhalten des Robotersystems oder (in der interaktiven Biorobotik) das Verhalten des fokalen lebenden Systems unter robotischer Stimulation betrifft. In anderen Fällen werden die experimentellen Ergebnisse mit einer theoretischen Hypothese verbunden, die sich (in der klassischen Biorobotik) auf das Verhalten des modellierten lebenden Systems oder (in der interaktiven Biorobotik) das Verhalten des fokalen lebenden Systems bei Stimulation durch ein anderes lebendes System bezieht. Im ersten Fall wird die theoretische Hypothese (in Anlehnung an Datteri 2020a) als *proximal* bezeichnet, im zweiten Fall als *distal*.

Tabelle 1: Formen der Biorobotik, Ziele und Methoden

	Klassische Biorobotik	Körperorientierte Biorobotik	Interaktive Biorobotik
Definition	Der Roboter setzt eine theoretische Hypothese über das Verhalten eines lebenden Zielsystems um.	Das Roboterdesign basiert auf der Form und Funktion des menschlichen Körpers.	Der Roboter interagiert mit dem lebenden System, oft in Echtzeit.
Beispiele	Die Navigation von Fledermäusen durch interauralen Vergleich wurde mit Biorobotern überprüft.	Exoskelette und robotergestützte Handprothesen	Roboterfische, die mit anderen Fischen interagieren, um z. B. die Dynamik der sozialen Distanzierung zu untersuchen
	Roboterkopie eines Fisches zur Untersuchung seiner Dynamik	Geriatronik	Roboter, die in der Therapie eingesetzt werden, z. B. bei Autismus oder Schlaganfall
	Insektennavigation mit optischem Fluss	Exosuits	Robotische Tiere als Gesellschaftstiere
Ansatz	Beobachtet, ob der Roboter das Verhalten des Zielsystems in ausreichendem Maße reproduziert	Entwickelt Roboter, die mit dem Menschen zusammenarbeiten und seine Funktionen ergänzen	Interagiert mit dem lebenden System, um Daten zu sammeln und ggf. in Echtzeit zu reagieren

	Klassische Biorobotik	Körperorientierte Biorobotik	Interaktive Biorobotik
Ziel	Theoretische Hypothesen über das Verhalten lebender Systeme testen	Entwicklung von Robotern, die symbiotisch mit menschlichen Körpern arbeiten können	Entwicklung von Robotern, die sich in Echtzeit an die Bedürfnisse und das Verhalten lebender Systeme anpassen können
Wichtigste Eigenschaften	Nicht interaktiv	Fokus auf Beziehung und Symbiose mit dem menschlichen Körper	Interaktion mit dem lebenden System, die auch in Echtzeit durch Sensoren und Feedback-Systeme moduliert werden kann
	Roboter simuliert lebendes Zielsystem	Design basierend auf Form und Funktion des menschlichen Körpers	Informationen über das lebende System dienen als Vorlage und werden zur Stimulation des Systems eingesetzt.
	Testet die Hypothese durch Beobachtung des Roboterverhaltens	Strebt die Zusammenarbeit und Verbesserung der menschlichen Funktion an	Strebt die Anpassungsfähigkeit an die Bedürfnisse und das Verhalten eines lebenden Systems ggf. in Echtzeit an

Wenn die untersuchte Hypothese proximal ist, ist der Forschungsgegenstand ein Roboter oder ein lebendes System, das durch einen Roboter erheblich beeinflusst wird. Im anderen Fall ist der Forschungsgegenstand ein lebendes System oder ein Phänomen, das nicht wesentlich von einem Robotersystem beeinflusst wird. Der erste Fall ist ein Beispiel für Technowissenschaft, während der zweite Fall als Wissenschaft bezeichnet werden kann.

Proximale Hypothesen finden sich sowohl in der interaktiven wie auch in der klassischen Biorobotik. Einige Phasen der biorobotischen Experimente sind der Untersuchung des Verhaltens des an der Studie beteiligten Robotersystems gewidmet. In der klassischen Biorobotik, bei der der Roboter ein theoretisches Modell des lebenden Systems simuliert, können vorläufige Experimente durchgeführt werden, um die Funktion des Roboters zu überprüfen (d.h. ob sie der von den KonstrukteurInnenen und ErbauerInnen beabsichtigten entspricht). Beim Überprüfen von Kognitions- und Verhaltensmodellen können vorläufige Tests erforderlich sein, um sicherzustellen, dass der Roboter die zu untersuchende kognitive, neurowissenschaftliche oder Verhaltenshypothese korrekt umsetzt. Die Überprüfung der Genauigkeit kann experimentelle Tests beinhalten, die sich ganz auf die Funktionsweise des Roboters konzentrieren, ohne sich dafür zu interessieren, ob der Roboter das Verhalten des lebenden Systems reproduzieren kann (dies ist die nachfolgende Phase der Experimente). Die Experimente an den Robotern werden durchgeführt, um Hypothesen über den Roboter selbst zu testen, weshalb diese Hypothesen als proximal bezeichnet werden.

Proximale Hypothesen werden auch in der interaktiven Biorobotik getestet: Hier ist man daran interessiert, wie das fokale lebende System auf die vom Roboter ausgehenden Reize reagiert. Experimente dieser Art werden in der interaktiven Biorobotik immer durchgeführt. In einigen Fällen ist das Testen der Reaktionen von Tieren auf Roboter das primäre Ziel der Forscher und die proximale theoretische Hypothese entsprechend die Haupthypothese, die in der Studie getestet wird. Ein weiteres Beispiel wird von Nicole Abaid und KollegInnen (Abaid u.a. 2012) erörtert, deren Ziel es war zu verstehen, wie Zebrafische auf Roboterfische reagieren, je nach deren Eigenschaften (Schwanzschlagfrequenz, Geräusch und Farbe). In einer anderen Studie wiederum wollten WissenschaftlerInnen untersuchen, ob Galgantvögel sozial an einen Roboter »gebunden« werden können (Jolly u.a. 2016). Das Testen proximaler Hypothesen kann also für die Entwicklung von Robotersystemen, die in der Lage sind, mit lebenden Systemen sozial und effizient zu interagieren, von großer Bedeutung sein. Über diesen ingenieurtechnischen Zweck hinaus ist die Beurteilung der Reaktion lebender Systeme auf Roboter per se wissenschaftlich interessant, nicht zuletzt wenn man bedenkt, dass die Welt »da draußen« in Zukunft mehr und mehr von Robotersystemen durchdrungen sein wird. Wenn sich die Biorobotik mit proximalen Hypothesen, wie hier definiert, beschäftigt, kann sie treffend als Technowissenschaft bezeichnet werden.

In anderen Fällen zielt die Biorobotik darauf ab, theoretische Schlussfolgerungen über das Verhalten zu ziehen, das lebende Systeme ohne Beeinflussung durch ein Robotersystem hervorbringen – Hypothesen, die hier als distal bezeichnet werden. Dies ist das Hauptziel der klassischen Biorobotik: Die Beobachtung des Verhaltens eines Robotermodells ermöglicht es, Hypothesen über das modellierte System zu testen. Wie bereits in Kapitel 2.3.1 beschrieben, haben Bou Mansour und KollegInnen Hypothesen über die Mechanismen der Fledermaus-Echolokation anhand eines Robotermodells getestet. Grasso und KollegInnen verwarfen ein ursprünglich plausibles Modell der Chemotaxis bei Hummern, weil eine robotergestützte Umsetzung dieses Modells das Verhalten von Hummern nicht in ausreichendem Maße replizierte (Grasso 2002).

Einige interaktive biorobotische Studien zielen ebenfalls darauf ab, distale Schlussfolgerungen zu ziehen. Die AutorInnen der in Abschnitt 2.3.3 beschriebenen Starenstudie setzten Roboter ein, um Hypothesen zur Blickverfolgung bei Staren zu testen. De Margerie und KollegInnen untersuchten das räumliche Verhalten von Wachtelküken mithilfe von Robotern (de Margerie u.a. 2011). In beiden Studien interagierten biomimetische Roboter mit den untersuchten Fokussystemen (Stare, Wachtelküken). Schließlich kamen die AutorInnen zu naheliegenden theoretischen Schlussfolgerungen bezüglich der Interaktion zwischen Robotern und Tieren. In denselben Studien haben sie diese proximalen Schlussfolgerungen jedoch auch auf distale theoretische Hypothesen angewendet. Das Phänomen, das sie interessierte, betraf nicht das Verhalten des fokalen Systems in seiner Interaktion mit dem Roboter, sondern das Verhalten des fokalen Systems in der Interaktion mit anderen lebenden Systemen. Wie in den Fällen, die ich als technowissenschaftlich beschrieben habe, bestand das Ziel der beiden Studien in diesem Fall darin zu modellieren, wie die Welt »da draußen« funktioniert. Aber die Welt wurde nicht wesentlich durch Robotertechnologien beeinflusst. Gemäß dieser Unterscheidung können diese Forschungsarbeiten als wissenschaftlich (und nicht als technowissenschaftlich) bezeichnet werden.

Diese Unterscheidung zwischen Wissenschaft und Technowissenschaft auf der Grundlage der Praktiken der Biorobotik wird noch schärfer, wenn man sich das technologische Objekt ansieht, das in der körperorientierten Biorobotik produziert wird. In diesem Fall wird das technologische Objekt zu einem Objekt, das einen *performativen Zweck* hat. Das auffälligste Beispiel ist die Verwendung von bioinspirierten Prothesen, die eine mögliche Einheit mit dem Organismus bilden und mit ihm verschmelzen. Auf diese Weise wird gleichsam ein Tanz zwischen Technik und Biologie geschaffen. Ein Tanz, den der amerikanische Biophysiker und Gründer des Extreme Bionics Institute am MIT, Hugh Herr, ganz buchstäblich auf die Bühne gebracht hat. Zusammen mit seinem Team ist es ihm gelungen, eine Beinprothese zu entwickeln, die von einer Tänzerin nicht nur für den täglichen Gebrauch, sondern vor allem zum Tanzen verwendet werden kann. In diesem Fall, so Coeckelbergh, »ist der Roboter Co-Performer, Co-Mover und Co-Tänzer. Designer sind sich dessen bis zu einem gewissen Grad bewusst, da sie sich nicht nur als Designer von Objekten, sondern auch als Designer von Interaktion und Bewegung verstehen« (Coeckelbergh 2019, 32). Und er fährt fort: »Ein technologisches Artefakt zu entwerfen bedeutet immer auch, Bewegung zu entwerfen und zu organisieren. Der Designer ist ein Choreograph, und in dem Maße, in dem der menschliche Designer im Hintergrund bleibt und das Artefakt mehr Handlungsmacht gewinnt, kann man sagen, dass die Technologie uns choreographiert.« (Coeckelbergh 2019, 32) Die Praxis, eine mögliche Bewegung zu organisieren, ist ein klassisches Beispiel für eine technowissenschaftliche Untersuchung. Sie ist eine proximale Untersuchung, da sie sich auf die Interaktion zwischen Organismus und bioinspiriertem Artefakt konzentriert. Sie ist jedoch nicht so angelegt, dass sie neue theoretische Fragen aufwirft, sondern darauf, dass sie Bewegung und Aktion, eine Choreografie, hervorbringt.

Aus dieser Perspektive folgt, dass es sich bei den Forschungsobjekten der technowissenschaftlichen Disziplinen größtenteils um hybride technische Objekte handelt, die weder geschaffen noch von einer starken Nutzung der Technik getrennt werden können. In gewissem Sinne sind diese Objekte allesamt nichtrepräsentative Objekte. TechnowissenschaftlerInnen versuchen denn in der Tat auch nicht, mit ihnen die Realität abzubilden, sondern sie versuchen, die untersuchten Phänomene durch die Produktion und Konstruktion technowissenschaftlicher Forschungsobjekte zu kontrollieren. Wie Bernadette Bensaude-Vincent, Sacha Loeve, Alfred Nordmann und Astrid Schwarz dies ausgedrückt haben:

> »Die Objekte der Technowissenschaft sind Dinge oder Prozesse und ihre Fähigkeit zu überraschen, zu funktionieren oder funktionalisiert zu werden. Sie werden dadurch definiert, was sie tun können und wie sie sich als nützlich erweisen könnten. Dies ist freilich nur eine erste Annäherung an den ontologischen Unterschied zwischen wissenschaftlichen und technowissenschaftlichen Objekten.« (Bensaude-Vincent, Loeve und Nordmann 2011, 370)

Im Falle der biorobotischen Prothesen oder Exosuits entwerfen und erforschen WissenschaftlerInnen die Eigenschaften entsprechender Objekte, weil diese eine bestimmte Handlung ausführen können (siehe Tabelle 2 auf der rechten Seite).

2.5 Pluralismus in der Biorobotik

In diesem Kapitel habe ich die philosophische Unterscheidung zwischen Wissenschaft und Technowissenschaft analysiert und diese Unterscheidung dann auf die Biorobotik angewendet, um darüber nachzudenken, ob die Biorobotik sinnvollerweise als Wissenschaft qualifiziert werden kann. Mein Ausgangspunkt waren die Merkmale der Untersuchungsobjekte. In der technowissenschaftlichen Forschung ist der Untersuchungsgegenstand ein technisches Artefakt oder ein Phänomen, das von technischen Artefakten maßgeblich beeinflusst wird. In der wissenschaftlichen Forschung hingegen ist der Untersuchungsgegenstand kein

Tabelle 2: Unterschiede zwischen distaler, proximaler und körperorientierter Biorobotik

Merkmal	Distale Biorobotik	Proximale Biorobotik	Körperorientierte Biorobotik
Untersuchungsgegenstand	Verhalten oder Morphologie von lebenden Systemen durch robotische Modellierung	Verhalten des Roboters oder lebenden Systems, das stark von einem Roboter beeinflusst wird	Bewegung und Handlungskoordination zwischen Organismus und bioinspiriertem Artefakt
Theoretische Hypothesen	Distale theoretische Hypothesen	Proximale theoretische Hypothesen	Fokussiert auf Bewegung und Handlungskoordination, Choreografie
Forschungszweck	Verständnis des Verhaltens oder der Morphologie von lebenden Systemen unabhängig von Roboter-Einfluss	Testen und Validieren der Funktionalität und des Verhaltens des Roboters	Schaffung performativer Objekte, die sich mit dem Organismus integrieren und seine Fähigkeiten verbessern
Hybride technische Objekte	nicht zutreffend	ja	ja
Forschungsschwerpunkt	wissenschaftlich	technowissenschaftlich	technowissenschaftlich

technologisches Artefakt und wird auch nicht wesentlich durch ein solches verändert. Ausgehend von dieser Annahme haben wir verschiedene Arten von Untersuchungsobjekten in der Biorobotik isoliert und sie mit der Unterscheidung zwischen proximalen und distalen Hypothesen verknüpft. Ich habe argumentiert, dass bei proximalen Studien das Untersuchungsobjekt ein Roboter oder ein lebendes System ist, das von einem Roboter erheblich beeinflusst wird (wie im Fall der Reaktion des Zebrafisches auf einen Roboter oder die Biorobotik-Exosuits). Bei einer distalen Hypothese ist der Untersuchungsgegenstand ein lebendes System oder ein Phänomen, das von einem Robotersystem nicht wesentlich beeinflusst wird (wie das Robotermodell zur Hindernisvermeidung bei Fledermäusen und die Starenstudie). Ich habe vorgeschlagen, dass der erste Umstand einen Fall von Technowissenschaft darstellt, während der zweite Fall als Wissenschaft bezeichnet werden kann.

Diese Unterscheidungen sind wichtig, um die unterschiedlichen theoretischen, philosophischen und konzeptionellen Fragen zu verstehen, die sich in den verschiedenen biorobotischen Methoden und Ansätzen finden lassen – wie gezeigt, bedeutet der Einsatz von Robotern für einen technowissenschaftlichen Zweck etwas anderes als der Einsatz von Robotern für einen wissenschaftlichen Zweck. Wie am Ende des vorangegangenen Abschnitts kurz dargestellt, stehen unterschiedliche konzeptionelle und praktische Fragen im Mittelpunkt dieser beiden Bestrebungen. In diesem Kapitel wurde daher ein pluralistisches philosophisches Verständnis der Biorobotik gefordert.

Das bedeutet erstens, dass das Ziel darin bestand, die Vielfalt der Praktiken und Methoden der Biorobotik hervorzuheben, anstatt auf ein vereinheitlichendes Prinzip wie die synthetische Methode zu setzen. Und es heißt zweitens: Die Betonung der Tatsache, dass es in der heutigen Biorobotik starke technowissenschaftliche und wissenschaftliche Komponenten gibt, bedeutet, die Argumentation zu akzeptieren und weiterzuentwickeln, die in den letzten Jahrzehnten zur Prägung des Begriffs Technowissenschaft verwendet wurde. Wie bereits erwähnt, wurde der Begriff Technowissenschaft unter anderem geprägt, um zu betonen, dass die Wissensproduktion grundlegend und eng mit wirtschaftlichen, technologischen und hybriden Komponenten verbunden ist. Aufbauend auf dieser Unterscheidung habe ich die Schlüsselrolle der Technologie (und anderer Komponenten) in der Biorobotik hervorgehoben und damit einen möglichen Dialog zwischen der Biorobotik und anderen stark technologischen und biohybriden Disziplinen (wie Nanotechnologie, Paläontologie, synthetische Biologie usw.) eröffnet (zu diesem möglichen Dialog siehe z.B. Tamborini 2022a). Drittens habe ich nicht nur gezeigt, wie technowissenschaftliche und naturwissenschaftliche Komponenten nebeneinander existieren können, um Wissen zu produzieren, sondern auch, dass sie dies tun müssen. Die Vorstellung einer Vorherrschaft der reinen über die angewandten Wissenschaften oder eines Konflikts zwischen Wissenschafts- und Ingenieurskulturen ist ein Erbe, das in der tatsächlichen Praxis der heutigen Wissenschaften keinen Platz hat. In der Biorobotik, wie in vielen anderen Disziplinen auch, existieren Technowissenschaft und Wissenschaft nebeneinander, weil sie sich gegenseitig beeinflussen.

Mit anderen Worten: Wenn wir, wie in diesem Kapitel vorgeschlagen, die erkenntnistheoretischen und ontologischen Ansprüche der Biorobotik ernst nehmen (z.B. indem wir uns auf die Untersuchungsobjekte konzentrieren) und analysieren, wie sich distale und proximale Ansätze in der wissenschaftlichen Praxis überschneiden und hybridisieren – welche neuen Metaphern brauchen wir dann, um mit hybriden Elementen zu arbeiten und sie zu verstehen?

Nachdem ich die Vielfalt der Praktiken in der Biorobotik und ihre mögliche disziplinäre Einordnung und epistemischen Ziele untersucht habe, werde ich mich im nächsten Kapitel auf die Beziehung zwischen Roboter und Organismus konzentrieren und fragen, wie die Übertragung von Strukturen, Daten und Beziehungen vom Organischen auf das Konstruierte möglich ist. Dort werde ich auch die Hauptthese dieser Einführung vorstellen: Biorobotik basiert auf einer Praxis der Übersetzung.

3. Biorobotik als Übersetzungspraxis und ihre philosophische Grammatik

Im vorigen Kapitel haben wir gesehen, dass die Disziplin der Biorobotik sich aus vielen verschiedenen wissenschaftlichen Praktiken und Zielen zusammensetzt. Innerhalb dieser Vielsprachigkeit überschneiden und vermischen sich Wissenschaft und Technowissenschaft. In diesem Kapitel möchte ich mich auf die Beziehung zwischen der organischen Welt und der biorobotischen Produktion konzentrieren. Letztere führt bis in einen Bereich, der heute als verkörperte KI bezeichnet wird. Die wichtigste Eigenschaft der verkörperten KI besteht darin, dass sie »mit realen physischen Systemen, d.h. Robotern« (Iida u.a. 2004, 4) arbeitet und nicht nur mit Computern und *in-silico*-Bedingungen. Der australische Wissenschaftler und frühe Protagonist der verkörperten KI, Rodney Brooks, arbeitete beispielsweise an der Fortbewegung von Insekten. Auf der Grundlage ihrer biologischen Analyse bauten Brooks und sein Team einen sechsbeinigen Laufroboter namens Genghis. Brooks' Praxis ist geradezu emblematisch für die verkörperte KI-Forschung. Wie der Informatiker Rolf Pfeifer und der Ingenieur Fumiya Ida dazu angemerkt haben, »wurden das Gehen und die Fortbewegung im Allgemeinen zu wichtigen Forschungsgebieten, Themen, die typischerweise mit sensorisch-motorischer Intelligenz auf niedriger Ebene in Verbindung gebracht werden. Das ist natürlich ein grundlegender Unterschied zum Studium des Schachspiels, des Theorembeweisens und des abstrakten Problemlösens.« (Iida u. a. 2004, 4) Die Begegnung zwischen Robotik und KI hat dazu geführt, dass eine Reihe ihrer klassischen Themen und Fragen aus einer anderen Perspektive neu angegangen wurden. Einige dieser Themen und Forschungsfragen sind dabei tief in der evolutionären und biomechanischen Forschung des 19. und 20. Jahrhunderts verwurzelt (Tamborini 2022c; 2022b; 2022a). So fragte Brooks ebenso nach der Dynamik, die den Form-Funktions-Komplex zusammenhält, wie dies BioingenieurInnen und BiorobotikerInnen heute tun.

Die Wissenschaftsphilosophen Edoardo Datteri, Henry Dicks und Luciano Floridi sind mit verschiedenen Arbeiten über den Einsatz von Biorobotik und KI-Systemen hervorgetreten und weisen auf deren mögliche Verzerrungen und Potenziale hin (Datteri und Tamburrini 2007; Dicks 2016; Floridi 2020b; 2020a). Ihre Ansätze repräsentieren den aktuellen Stand des philosophischen Verständnisses von KI und Biorobotik.

In diesem Kapitel werde ich diese philosophischen Überlegungen erweitern, um die Aufmerksamkeit auf einen (neben anderen) Elefanten im Raum des jüngsten philosophischen Verständnisses von Biorobotik und verkörperter KI zu lenken: das biomimetische Prinzip. Mit diesem Prinzip bezeichne ich die unter BioingenieurInnen weit verbreitete Idee, die Natur als Inspirationsquelle für die Herstellung und Gestaltung technologischer und robotischer Artefakte nutzen zu können. Kurz gesagt geht es beim biomimetischen Prinzip, wie der Name schon verrät, um die mögliche Nachahmung (mímēsis) des βίος (bíos), d. h. der Natur.

Das biomimetische Prinzip muss im Rahmen der philosophischen und historischen Untersuchung der Biorobotik vollständig angesprochen werden, um die epistemischen Ziele und Unterschiede innerhalb der verschiedenen Praktiken der Biorobotik und im Allgemeinen zwischen der Biorobotik und anderen bioinspirierten Disziplinen zu verstehen. Nur auf diese Weise können einerseits HistorikerInnen von den verschiedenen Bedeutungen des biomimetischen Prinzips ausgehen, um ihre verschiedenen historischen Wurzeln zu untersuchen, und können andererseits PhilosophInnen von einem Verständnis des biomimetischen Prinzips profitieren, um die Modell-Welt-Beziehung zu problematisieren und zu konkretisieren. Anders ausgedrückt: Die verschiedenen Verwendungsmöglichkeiten des biomimetischen Prinzips müssen dargelegt werden, um seine Funktion in den verschiedenen biorobotischen Praktiken besser zu verstehen, so dass eine fortlaufende Einordung des biomimetischen Prinzips entstehen kann. Dies wiederum bietet sich als Ausgangspunkt für weitere historische und philosophische Untersuchungen an. Ich stelle also die Frage, welche Rolle biomimetische und bioinspirierte Prozesse in den verschiedenen Praktiken der Biorobotik spielen.

Ich beginne mit der Erörterung der Merkmale, die der im vorherigen Kapitel besprochenen synthetischen Methode, welche die Methodik der Biorobotik als Wissenschaft beschreibt, zugrunde liegen. Anschließend werde ich eine umfassendere Reflexion über die philosophische Debatte zur Beziehung zwischen einem Modell (in diesem Fall einem Roboter) und der Welt anstellen und dabei betonen, dass ein Modell nur dann gültig ist, wenn es bestimmte Eigenschaften mit dem Zielobjekt teilt. Anschließend konkretisiere ich die Bedeutung der gemeinsamen Nutzung von Merkmalen und frage, welche biomimetischen Merkmale ein Robotermodell mit der Welt teilen muss, damit Roboter erfolgreich entworfen werden können. Anschließend gehe ich auf mehrere emblematische Fallstudien ein, in denen die Nachahmung der Natur, die auf unterschiedliche Weise dekliniert wird, von grundlegender Bedeutung für die Erzeugung von Wissen ist. Dabei vertrete ich die Methodik der Wissenschaftsphilosophie in der Praxis, d.h., ich konzentriere mich auf das, was WissenschaftlerInnen tun, und entwickle so eine »philosophische Grammatik der wissenschaftlichen Praxis« (Chang 2011).[8] Dies wird es mir ermöglichen, meine eigene philosophische Taxonomie des biomimetischen Prinzips zu entwickeln.[9]

Der nächste Schritt wird darin bestehen, die bioinspirierte Praxis und die verschiedenen Bedeutungen der Biomimesis mit neueren Analysen der Technikphilosophie zu verbinden. Indem ich für einen linguistischen Ansatz zum Verständnis der technologischen Praxis plädiere, werde ich insbesondere zeigen, wie das biomimetische Prinzip auf der Praxis der Übersetzung beruht. Tatsächlich ist es eine geübte Praxis von WissenschaftlerInnen und IngenieurInnen, die von BiologInnen thematisierte Sprache der natürlichen Formen in die Sprache der biorobotischen Objekte zu übersetzen. Das Kapitel schließt mit einer Analyse der Grammatik der biorobotischen Objekte.

3.1 Kriterien für Relevanz und Bedeutung des biorobotischen Modells

Wie im letzten Kapitel beschrieben, befassen sich Luisa Damiano, Antoine Hiolle und Lola Cañamero mit der Beziehung zwischen synthetischen Modellen, insbesondere Robotern, und der Realität, indem sie Kriterien für die Bewertung der Relevanz eines synthetischen Modells aufstellen (Damiano, Hiolle und Cañamero 2011). Ihr Ansatz basiert auf einer operationellen Definition der wissenschaftlichen Explikation, bei der die Erklärung eines Phänomens darin besteht, einen Mechanismus vorzuschlagen, der das zu erklärende Phänomen hervorbringen kann. Für die Feststellung der Relevanz eines synthetischen Modells haben sie zwei Bedingungen festgelegt.

Die erste Bedingung, die so genannte phänomenologische Relevanz, besagt, dass ein synthetisches Modell auf der Grundlage expliziter Parameter dieselbe Phänomenologie, also dieselbe Erscheinungsweise hervorbringen muss wie das untersuchte lebende oder kognitive System. Innerhalb dieser Bedingung unterscheiden die Autoren zwei Arten von phänomenologisch relevanten Modellen: minimale und progressive. Minimale Modelle erzeugen nur die untersuchte Phänomenologie, während progressive Modelle zusätzliche Phänomene im selben Bereich hervorbringen und eine größere Erklärungskraft haben.

Die zweite Bedingung bezieht sich auf die Ontologie, die Systematik von und die strukturellen Beziehungen zwischen Organismen und den Grad der Ähnlichkeit zwischen den Ontologien von Artefakten. Sie besagt, dass lebende und kognitive Systeme zwar unterschiedliche Strukturen haben können, aber dieselbe Organisation teilen. Wenn also ein künstliches System eine andere Struktur, aber die gleiche Organisation wie lebende und kognitive Systeme aufweist, sollte es legitimerweise als zur Kategorie der lebenden Systeme gehörend betrachtet werden.

Auf Grundlage dieser zwei Bedingungen schlagen die Autoren den Begriff der Relevanz im engeren Sinne vor. Er besagt, dass synthetische Modelle dieselbe Organisation wie lebende und kognitive Systeme aufweisen müssen, basierend auf einer expliziten Theorie der lebenden und/oder kognitiven Organisation. Sie argumentieren, dass alle lebenden und kognitiven Systeme die gleiche Organisation aufweisen, auch wenn sie nicht die gleiche Struktur haben.

Es gibt jedoch mindestens zwei Argumente, die diese Ideen infrage stellen. Erstens ist das Konzept der Relevanz möglicherweise zu eng gefasst, solange es sich ausschließlich auf die Phänomenologie konzentriert. Es übersieht den Einfluss anderer wichtiger Faktoren wie z.B. sozialer und kultureller Kontexte, die das Verhalten und die Funktionsweise von lebenden und kognitiven Systemen maßgeblich beeinflussen. Dies ist insbesondere im Bereich der interaktiven Robotik von Bedeutung, wo der breitere Kontext sowohl das Verhalten des Modells als auch seine Beziehung zur Welt beeinflusst. Zweitens kann die Annahme, dass alle lebenden und kognitiven Systeme die gleiche Organisationsstruktur haben, die Realität zu sehr vereinfachen. Selbst innerhalb einer einzigen Art oder zwischen eng verwandten Arten gibt es bemerkenswerte Unterschiede in der Struktur. Diese Unterschiede können sich auf die Fähigkeit des synthetischen Modells auswirken, relevante Phänomene zu erfassen. Einfach ausgedrückt: Beziehungen sind zwar unbestreitbar wichtig, aber die an diesen Beziehungen beteiligten Wesen haben das Vermögen, die sich ergebenden Möglichkeiten und Grenzen zu gestalten. Materialität, Umwelt und andere Faktoren tragen alle dazu bei, die potenziellen Organisationsstrukturen der untersuchten lebenden (und technischen) Systeme zu ermöglichen oder einzuschränken. Daher sollten sowohl die Beziehungen selbst als auch die beteiligten Akteure in diesem Zusammenhang gleichermaßen berücksichtigt werden.

Das von den WissenschaftlerInnen angesprochene Problem ist ein Spezialfall der größeren philosophischen Debatte über die Beziehung zwischen Modell und Welt. Dies zu berücksichtigen ist wichtig, um zu verstehen, wie Roboter einige Aspekte der biologischen Welt darstellen können und welche Rolle das Prinzip der Nachahmung dabei spielt.

3.2 Modell-Welt-Beziehung

In den letzten Jahrzehnten haben sich PhilosophInnen intensiv mit der Rolle der Idealisierung in der wissenschaftlichen Wissensproduktion und den verschiedenen Beziehungen zwischen Modell und Welt befasst. Auf das letztgenannte Problem gibt es mindestens drei klassische Antworten. Erstens: Isomorphismus (Suppes 1960; van Fraassen 1980; Lloyd 1994). Nach dieser Sichtweise hat das Modell die gleiche Struktur wie sein Ziel. Der Erfolg eines Modells hängt davon ab, ob es die Struktur seines Objekts abbildet. Zweitens: partieller Isomorphismus (Da Costa und French 2003; French und Ladyman 2003). Wie der Name schon sagt, sind nur einige Teile des Modells isomorph mit dem Zielobjekt. Diese beiden Antworten haben viele Vorzüge, aber sie erfassen nicht viel von den Verzerrungen und Idealisierungen, die in dem Modell immer vorhanden sind (Elliott-Graves und Weisberg 2014; Weisberg 2007; Potochnik 2017). Drittens: Ähnlichkeit (Weisberg 2013; Giere 2010; Cartwright 1983; Weisberg 2012). PhilosophInnen haben vorgeschlagen, dass es eine Ähnlichkeitsbeziehung zwischen dem Modell und seinem Ziel geben müsse, damit das Modell erfolgreich sein kann. Konkret sagen sie, dass »erfolgreiche Modelle ihren Zielen in relevanten Hinsichten und Graden ähnlich sind, wobei die relevanten Hinsichten und Grade von der gesuchten Information abhängen« (Parker 2015). Von allen Befürwortern dieser Lösung bietet Michael Weisberg in seinem 2013 erschienenen Buch *Simulation and Similarity* und in mehreren Artikeln die detaillierteste Analyse des Ähnlichkeitsprinzips. Er »vertritt die Ansicht, dass Modelle in einer besonderen Art von Ähnlichkeitsbeziehungen zu ihren Zielen stehen« (Weisberg 2013, 93); mit anderen Worten, »relevante Merkmale werden in einer natürlichen oder formalen Sprache identifiziert und ihre Bedeutung wird relativ zu den

Zielen der wissenschaftlichen Gemeinschaft gewichtet« (Weisberg 2013, 144).

Auf den ersten Blick scheint die von Weisberg und anderen vorgeschlagene Lösung für das Verständnis der Beziehung zwischen einem Robotermodell und seinem Zielorganismus tragfähig zu sein. Der Roboter hat keine vollständige oder teilweise Isomorphie mit seinem Zielorganismus (andernfalls wäre es ziemlich schwierig, die Rolle der Idealisierung und Verzerrung in der Praxis der Biorobotik zu erklären, die, wie wir gesehen haben, eine wichtige Rolle beim Übergang von frühen Robotern zu kybernetischen Robotern spielt), aber es besteht eine Ähnlichkeitsbeziehung. Der Roboter ähnelt dem Organismus bis zu einem gewissen Grad, weil beide einige Merkmale gemeinsam haben, und deshalb funktioniert das Robotermodell erfolgreich.

Weisbergs Antwort auf die Frage, was es bedeutet, dass das Modell und sein Objekt einige Merkmale gemeinsam haben müssen, um ähnlich sein können, ist jedoch recht vage. Deshalb ist es, wie Donal Khosrowi unlängst bemerkt hat, wichtig, »Weisberg auf den Kopf zu stellen« (Khosrowi 2020, 537). Oder, wie Khosrowi es ausdrückt: »Anstatt von dem Slogan auszugehen, dass erfolgreiche Modelle erfolgreich sind, weil sie den Zielen sehr ähnlich sind, und eine reduktive Analyse der Ähnlichkeit in Bezug auf die gemeinsame Nutzung von Merkmalen vorzunehmen, besteht die Idee darin, von der (gewichteten) gemeinsamen Nutzung von Merkmalen als der allgemeinen Beziehung auszugehen, aufgrund derer erfolgreiche Modelle erfolgreich sind.« (Khosrowi 2020, 537)

Auf diese Weise verteidigt Khosrowi eine pluralistische Darstellung der Beziehung zwischen Modell und Welt. Diese basiert nicht auf einer einzigen und eindeutigen Grundlage wie der Isomorphie, sondern variiert von Zeit zu Zeit, je nachdem, welche Gemeinsamkeiten zwischen dem Modell und dem Ziel bestehen und wie diese geteilt werden. Eine pluralistische Revision der Modell-Welt-Beziehung, so Khosrowi, »schafft Raum für jede dieser Beziehungen als komplementäre und nicht als rivalisierende Darstellungen der Beziehung zwischen Modellen und Zielen auf der Ebene der Merkmale« (Khosrowi 2020, 540).

Khosrowis Position scheint mir sehr interessant zu sein, um die Rolle des biomimetischen Prinzips in der Biorobotik zu begreifen. Wie bereits dargelegt, teilen sich in der Biorobotik ein Robotermodell und sein Ziel durch die Umsetzung des biomimetischen Prinzips bestimmte Eigenschaften – der/die IngenieurIn überträgt bewusst eine Eigenschaft der Welt in das Robotermodell. Das bedeutet jedoch nicht, dass der Roboter eine perfekte Kopie des Organismus ist, den er auf irgendeine Weise imitiert. Auch hier finden mehrere Prozesse der Idealisierung statt. Im Gegenteil bedeutet es, viel bescheidener, dass das Robotermodell und die Welt bestimmte Eigenschaften gemeinsam haben, damit das Modell erfolgreich arbeiten kann. Wenn wir dies akzeptieren, so Khosrowi, können wir auch den Begriff der Idealisierung in der Wissenschaft verstehen und ernst nehmen.

Dennoch, und das ist der Punkt, der bislang noch nicht erforscht ist, erfolgt die gemeinsame Nutzung der in die biomimetische Praxis eingebetteten Merkmale auf unterschiedliche Weise. Die Untersuchung dieser Vielfalt steht noch aus. In Anlehnung an Khosrowis Pluralismus sind diese verschiedenen Arten wiederum Gegenstand unterschiedlicher und gleichermaßen gültiger philosophischer Begründungen. Im nächsten Abschnitt werde ich daher die biomimetische Praxis des Teilens von Merkmalen konkretisieren, um die verschiedenen Modalitäten (oder wie Chang sagt »die Grammatik«, Chang 2011) einer solchen Praxis aufzuzeigen.

3.3 Das biomimetische Prinzip im Einsatz: eine nützliche Taxonomie

In diesem Abschnitt sollen die verschiedenen Rollen des biomimetischen Prinzips im Roboterdesign des 21. Jahrhunderts analysiert werden. Indem ich eine Taxonomie des verwendeten biomimetischen Prinzips aufstelle, wird meine Analyse Khosrowis Darstellung einer pluralistischen Modell-Welt-Beziehung konkretisieren. In Anlehnung an die verschiedenen Formen der Biorobotik, die ich im letzten Kapitel herausgearbeitet habe, können wir zwischen mindestens fünf verschiedenen biorobotischen Praktiken unterscheiden. Diese Praktiken führen uns wiederum zu fünf verschiedenen Anwendungen (und Rechtfertigungen) des biomimetischen Prinzips.

Erstens werden Roboter konstruiert, um das mögliche Verhalten der zu untersuchenden Tiere vorherzusagen. Diese Vorhersagen sind sonst nur sehr schwer oder gar nicht möglich. So haben WissenschaftlerInnen beispielsweise Roboter gebaut, um das Verhalten eines ausgestorbenen Tieres zu untersuchen, wie bei der Konstruktion von OroBOT, dem Roboter, der die Fortbewegung von *Orobates pabsti* nachahmt, einem vierbeinigen Wirbeltier, das vor etwa 300 Millionen Jahren ausgestorben ist. In diesem Fall dient das biomimetische Prinzip zwei Funktionen (J.A. Nyakatura u.a. 2019; J. Nyakatura 2016). Einerseits untersuchen die WissenschaftlerInnen, wie der Form-Funktions-Komplex *de facto* in Organismen realisiert ist, die phylogenetisch mit dem ausgestorbenen Organismus verwandt sind (im Fall des *Orobates pabsti* untersuchten sie den Form-Funktions-Komplex und die Bewegung von Salamandern). Auf der Grundlage ihrer Daten und der Hintergrundtheorie entwerfen sie dann einen funktionierenden Roboter, der dem Form-Funktions-Komplex des Organismus ähnelt, welcher phylogenetisch mit dem ausgestorbenen Tier verwandt ist. Dies wird letztendlich dadurch erreicht, dass der Form-Funktions-Komplex des phylogenetisch geschlossenen Organismus als Ganzes nachgeahmt wird. Nur durch die Nachahmung dieses Komplexes können die WissenschaftlerInnen einen Roboter entwerfen, in diesem Fall den OroBOT, der erfolgreich das mögliche Verhalten des ausgestorbenen Tieres verkörpert. Wichtig bei diesem Prozess ist die Morphofunktionalität, die aus der Form hervorgehende Funktionalität des Organismus, die als emergente Eigenschaft erscheint. Auf diese Weise teilen das Modell und das Ziel einige biomimetische Eigenschaften, die auf der Ähnlichkeit des Form-Funktions-Komplexes des Roboters und des Organismus beruhen.

Darüber hinaus, und das ist die zweite Anwendung des biomimetischen Prinzips in dieser Praxis, werden die Roboter auch für die Hervorbringung neuer biologischer Fragen eingesetzt, die sonst nicht gestellt werden könnten. Mit den konstruierten, bioinspirierten Robotern als Ausgangsmaterial gelangen WissenschaftlerInnen zu diesen neuen Fragen, indem die Roboter innovative Daten erzeugen. WissenschaftlerInnen können in diesem Zusammenhang *in vivo* mit einem Robotertier experimentieren, das einem lebenden Tier ähnelt und sich wie dieses verhält. In diesem Fall ist das biomimetische Prinzip eine Voraussetzung, um neue Forschungsfragen zu validieren. Es können also legitime Forschungsfragen zum Form-Funktions-Komplex des Tieres gestellt werden, indem der Roboter das ausgestorbene Tier nachahmt. Im Fall des OroBOT fragten die WissenschaftlerInnen nach der Fortbewegung der Tiere und dem Übergang von Wasser zu Land. Biomimetische Merkmale werden hier durch Isomorphie zwischen der Fortbewegung des Roboters, seinem Aussehen und seinem Ziel geteilt.

Drittens werden Roboter eingesetzt, um eine mögliche Erklärungshypothese zu testen. Ein klassisches Beispiel ist die Studie von Frank W. Grasso und KollegInnen (Grasso u.a. 2000; Hood 2004). In dieser Studie wurde ein Unterwasserrobotersystem namens RoboLobster konstruiert. Die Wissenschaftler machten sich dann daran, eine Hypothese über einen Mechanismus zu testen, der es den Hummern ermöglichen würde, der Quelle chemischer Flüsse im Wasser zu folgen. Da der Roboter dabei versagte, wurde die zuerst aufgestellte Hypothese als fehlerhaft erwiesen. Tatsächlich wurde RoboLobster mit dem Zielsystem verglichen, um zu sehen, ob das theoretische Modell, das im Roboter implementiert war, valide war. In diesem Fall erleben wir, was Grasso »biomimetische Skalierung« genannt hat. Hier wird das biomimetische Prinzip als Leitfaden verwendet, um »die biologischen Eigenschaften des Tieres nur in dem Maße nachzuahmen, wie diese Merkmale das zu testende Konzept unterstützen« (Hood 2004, A 488). Wie Grasso feststellt, sollte der Roboter nicht »die Biomechanik oder Morphologie des Hummers nachahmen« (im Gegensatz zu dem, was in den Fällen 1 und 2, die ich oben aufgeführt habe, geschah); vielmehr präsentierte der Roboter »die für die Bewertung der chemotaktischen Hypothese wesentlichen Merkmale«: RoboLobster wurde nach den Proportionen des amerikanischen Hummers gebaut und verfügt über zwei Chemorezeptoren, die in der gleichen Höhe und im gleichen Abstand wie die beiden seitlichen Antennen des Hummers positioniert werden können (Grasso 2002, 560). Das biomimetische Prinzip bietet die notwendige Voraussetzung dafür, dass der Roboter als Versuchsplattform eingesetzt werden kann. Um diesen Vergleich durchführen zu können, muss eine teilweise Isomorphie zwischen dem amerikanischen Hummer und dem Roboter gegeben sein.

Außerdem kann das biomimetische Prinzip den WissenschaftlerInnen bei der Entscheidung helfen, welche Aspekte idealisiert werden sollten, wobei die Gemeinsamkeiten zwischen dem Modell und der Praxis erhalten bleiben. Zwei Beispiele: Donato Romano und Cesare Stefanini untersuchten anhand des sozialen Fisches *Paracheirodon innesi* die Dynamik der sozialen Distanzierung gesunder Fische gegenüber potenziell mit Pathogenen infizierten Artgenossen. Um dieses Thema weiter zu untersuchen, entwickelten sie »eine robotische Fischnachbildung, die einen gesunden *P. innesi* nachahmt, und eine weitere, die *P. innesi* mit morphologischen und/oder Bewegungsanomalien nachahmt« (Romano und Stefanini 2021, 1). Sie fanden heraus, dass »*P. innesi*-Individuen von der gesunden Fischnachbildung angezogen wurden, während sie die Fischnachbildung mit morphologischen Anomalien mieden, ebenso wie die Fischnachbildung mit intaktem Aussehen, aber mit Anomalien in der Fortbewegung« (ebd.). Bei diesen Experimenten wird der Zielorganismus in verschiedene morphofunktionale Merkmale zerlegt; die WissenschaftlerInnen versuchen, einige von ihnen zu reproduzieren und die anderen beiseitezulassen. In diesem Fall weicht das biomimetische Prinzip, anders als im ersten Fall, nicht von der Betrachtung des Organismus als Ganzes ab. Vielmehr hilft es den WissenschaftlerInnen bei ihrem Idealisierungsprozess, d.h. bei der Konzentration auf nur einen Aspekt des Organismus (die Morphologie des Fisches) und beim Weglassen des Rests.

Zweites Beispiel: Das biomimetische Prinzip wird durch ein Minimum an morphologischer Mimikry zusammen mit einer starken Mimikry der Umgebung, von der der Form-Funktions-Komplex ein Teil ist, genutzt. Eine der wichtigsten Funktionen und Formen des menschlichen Körpers ist die Fähigkeit, Gewicht zu heben; diese ist besonders nützlich für die industrielle Produktion. Daher ist die Entwicklung von Robotern oder Maschinen, die Gewichte heben können, von zentraler Bedeutung für die Entwicklung einer effizienten und technologisch fortschrittlichen Industrie. In den letzten Jahren sind viele Versuche unternommen worden, Roboter zu entwickeln, die Gewichte heben oder sich bücken und mit ihren Armen wie ein Mensch einen schweren Gegenstand anheben können. Die Roboter, die ganz nach der Form und Funktion des menschlichen Körpers konstruiert wurden, konnten keine nennenswerten Gewichte heben, was sie für industrielle Zwecke unbrauchbar machte.

Vor einiger Zeit hat ein Team von Ingenieuren an der Eidgenössischen Technischen Hochschule Lausanne (EPFL) eine andere Strategie entwickelt. Anstatt die Struktur des menschlichen Körpers zu imitieren, griffen diese Ingenieure auf andere Strukturen und Formen zurück, die in der Natur vorkommen. Zu den verschiedenen untersuchten Organismen gehörte die Wespe (Zikaden-Killerwespe). Wespen sind »durch ihre Schubkraft beim Transport großer Nutzlasten eingeschränkt. Ihre Lösung, Befestigungsmechanismen zur Erzeugung von Bodenreaktionskräften zu nutzen, bietet einen praktikablen Ansatz für kleine Flieger.« (Estrada u. a. 2018, 2)

In Anlehnung an die Bewegungsmechanismen der Wespe entwickelten die Forscher einen Typus von Drohnen, der in der Lage ist, sich durch Anhängemechanismen zu bewegen, um Kräfte in Beziehung zu setzen. Auf diese Weise können die Drohnen Türen öffnen oder andere Orte betreten. Die Forschenden haben zudem eine Drohne entwickelt, die, wie auch Marienkäfer ihre Flügel einklappen können, ihre Propeller einziehen kann. Das verbessert ihre Einsatzmöglichkeiten (z. B. vom Fliegen zum Rollen oder anderen Aktivitäten). Der Vorteil dieser Lösung ist, dass die Drohne wendiger wird und somit die Interaktion zwischen Mensch und Roboter maximiert wird.

Schließlich ist eine der Hauptschwierigkeiten beim Einsatz von Drohnen in verschiedenen Bereichen (sowohl im kommerziellen Bereich als auch bei der Zusammenarbeit mit Menschen in schwierigen Situationen wie z. B. bei Naturkatastrophen, um schwer zugängliche Orte und Menschen zu erreichen) ihre Manövrierfähigkeit. Obwohl Drohnen recht einfach zu manövrieren sind und sogar Kinder problemlos lernen können, sie zu fliegen, ist das Landen recht schwierig. Darüber hinaus vermittelt sich die Erfahrung des Fliegens von Drohnen bisher nur indirekt. Es besteht eine gefühlte Trennung zwischen der Maschine, die durch einen Schieberegler gesteuert wird, und dem/der Piloten/in der Drohne. Um diese Kluft zu verringern, hat die Lausanner Gruppe virtuelle Technologien entwickelt, die den/die Piloten/in in den Flug der Drohne eintauchen lassen. Die virtuelle Realität und die Sensoren stellen somit wichtige Werkzeuge für eine vollständige Identifizierung und Symbiose zwischen der Drohne und den Benutzenden dar. In diesem Fall ist die Interaktion zwischen dem Subjekt und der Technologie vollständig, und die PilotInnen können durch KI lernen, wie man die Drohne in schwer zugänglichen oder überfüllten Räumen, wie z.B. einer Stadt, fliegt.

Dieses Beispiel veranschaulicht, wie die Formen der Natur durch die Anwendung der Biomimetik in eine technologische Konstruktion integriert und überführt werden können (hier bei der Untersuchung der Bewegungen der Zikaden-Killerwespe). In diesem Fall leitet das biomimetische Prinzip die Idealisierung der WissenschaftlerInnen und spielt eine Schlüsselrolle bei der Schaffung einer neuen Umgebung, in der sich Modell und Realität treffen können.

Die letzte Anwendung des biomimetischen Prinzips ist in der interaktiven Robotik zu beobachten. Bei der Erörterung der erkenntnistheoretischen Merkmale dieses Roboteransatzes stellt Datteri fest, dass die in entsprechenden Studien verwendeten Roboter einige Aspekte der Tiere nachahmen, mit denen sie interagieren. Daher stellt er die Frage, ob das Bemühen um die Konstruktion von Robotern, die den Merkmalen und dem Verhalten von Tieren so nahe wie möglich kommen, eine wesentliche Voraussetzung für »gute« interaktive Studien ist oder nicht. Eine erste vorsichtige Antwort wäre die Behauptung, dass eine gewisse Ähnlichkeit zwischen dem Roboter und dem Zielsystem erhalten bleiben muss, damit der Roboter in der Lage ist, das Verhalten seines Ziels zu beeinflussen. Datteri weist darauf hin, dass diese Antwort falsch ist, denn »ein Roboter, der sich physisch und verhaltenstechnisch von einer Schabe (oder Kakerlake) unterscheidet, kann deren Verhalten in hohem Maße beeinflussen, möglicherweise durch das Auslösen von Fluchtreaktionen« (Datteri 2020a). Umgekehrt schlägt Datteri vor, den Einsatz von Biomimikry als wesentliche Voraussetzung für die interaktive Robotik zu sehen, nicht weil »Biomimikry [...] in diesen Studien angestrebt wird, um einen stärkeren Einfluss auf den realen Fisch und die Kakerlake auszuüben, sondern um mögliche Störungen durch (biologisch unrealistische) Hintergrundmerkmale des Roboters zu neutralisieren« (Datteri 2020a). In diesem Fall haben die WissenschaftlerInnen also Roboter entworfen, die die Natur nachahmen, um mögliche Instabilitäten zu minimieren (siehe Tabelle 3 auf der rechten Seite).

3.4 Nachahmung, Technik und Sprache

Ausgehend von der Debatte über die verschiedenen Praktiken der Nachahmung der Natur lässt sich nun einen Schritt weiter gehen und die tiefergehende Frage nach den Möglichkeiten dieser Operation stellen. Eine mögliche Antwort ist darin zu suchen, die Technik als eine Sprache zu betrachten und so nach der Grammatik des biorobotischen Objekts zu suchen. Der philosophische Ansatz, Technik als Sprache zu betrachten, wird heute unter anderem von Philosophen wie Alfred Nordmann und

Tabelle 3: Taxonomie des biomimetischen Prinzips in der Anwendung – es sind mindestens sechs verschiedene Verwendungen erkennbar

Anwendungen der Biomimesis in der Biorobotik	Beispiele
Vorhersage von möglichen Verhaltensweisen	Rekonstruktion der Gangart des ausgestorbenen Amnioten *Orobates pabsti* (J. A. Nyakatura u. a. 2019)
Neue Forschungsfragen aufwerfen	Entwicklung neuer Hypothesen über lebende Systeme anhand von an Robotern durchgeführten Experimenten (Gravish und Lauder 2018; J. A. Nyakatura u. a. 2019)
Testen möglicher Hypothesen	Überprüfen der möglichen Funktionsweisen der Chemotaxis bei Hummern mithilfe von biorobotischen Umsetzungen der Hypothesen (Grasso u. a. 2000)
Verhaltenstest natürlicher Systeme	Untersuchung der in Biorobotern umgesetzten morphologischen Veränderungen und Veränderungen der Bewegungsabläufe bei kranken Individuen, die in einer sozialen Fischspezies zur Distanzierung gesunder Individuen von den abweichenden Individuen führt (Romano und Stefanini 2021)
Eine neue Umgebung schaffen	Begegnung von menschlichen und künstlichen Akteuren über eine virtuelle Realität, die die Interaktion nahtlos und immersiv ermöglicht (Estrada u. a. 2018)
Instabilitäten ausschließen	Das Experiment wird robuster, wenn unbeabsichtigte und unbekannte Einflüsse auf das zu untersuchende System vermindert werden, was nach Datteri durch Biomimikry präventiv erreicht werden kann (Datteri 2020a).

Mark Coeckelbergh vertreten. Ihr Ausgangspunkt ist Ludwig Wittgensteins Philosophie der Sprache. Nach Wittgenstein kann die Sprache nicht den Anspruch erheben, in eindeutiger Übereinstimmung mit der Welt zu stehen. Im Gegenteil ist Sprache als Werkzeug zu verstehen: »Denk an die Werkzeuge in einem Werkzeugkasten: es ist da ein Hammer, eine Zange, eine Säge, ein Schraubenzieher, ein Maßstab, ein Leimtopf, Leim, Nägel und Schrauben. – So verschieden die Funktionen dieser Gegenstände, so verschieden sind die Funktionen der Wörter. (Und es gibt Ähnlichkeiten hier und dort.)« (Wittgenstein 2009, 6 § 11) Wenn wir Sprache verwenden, stellen wir fest, dass sie immer in ein größeres Netzwerk von Bedeutungen, Objekten, Praktiken und Verwendungen eingebettet ist. Mit anderen Worten, wenn wir Sprache verwenden, nehmen wir an einem bereits gefügten Spiel mit impliziten Regeln teil, die notwendig sind, um es zu spielen. Außerdem sind wir beim Spielen des Sprachspiels mit unseren GesprächspartnerInnen in einen soziokulturellen Kontext eingebettet. Das heißt, wir sind Teil einer Lebensform. In ähnlicher Weise kann Technik als eine Sprache verstanden werden.

Wie die Sprache ist auch die Technik etwas, das wir benutzen, das mit Aktivitäten verbunden ist, das in einem bestimmten Kontext verwendet wird und dessen Gebrauch und Knowhow durch Übung erworben wird. Technik betrifft nicht die einzelnen Werkzeuge selbst, sondern auch die Art und Weise, wie diese eingesetzt werden, sowie die sozialen und kulturellen Kontexte, in denen sie verwendet werden. Sie ist daher auch ein Bestandteil einer Lebensweise. Technik hängt auch vom Vertrauen unserer Kultur in das vorhandene Wissen ab. Das Vertrauen in die Technik ist in diesem Kontext enthalten. Zweifel tauchen bei der Herstellung dieser Praxis nicht auf, da sie Teil unserer Nutzung der Technik ist. So kommt Coeckelbergh zu dem Schluss: »Die Bedeutung einer Technologie ist also keine Aura, die dem Artefakt anhaftet und die bei jeder Art von Nutzung erhalten bleibt, sondern sie variiert mit der Nutzung der Technologie und damit mit dem Kontext. [...] Wir lernen die Bedeutung der Technologie durch ihre Nutzung in einem bestimmten Kontext und durch ihre Verbindung mit bestimmten Aktivitäten. Der Einsatz von Technologie ist immer Teil eines Spiels, einer Praxis und eines größeren Ganzen, das ihr Bedeutung verleiht.« (Coeckelbergh 2017c, 28)

Um die grammatische Natur der Technik zu betonen, hat Coeckelbergh den Begriff »Technologiespiel« geprägt. Mit diesem Begriff weist er darauf hin, dass »Technologien, in ihrer Verwendung betrachtet, Teil von Aktivitäten und Spielen sind [...] Technologiespiele formen und geben bestimmten Verwendungen Bedeutung. Bestimmte Verwendungen von Technologie werden durch Spiele und Lebensformen ermöglicht. Sie sind nur auf der Grundlage dieser transzendentalen Bedingungen sinnvoll und nutzbringend, die sie strukturieren und begrenzen.« (Coeckelbergh 2018, 1511)

Alfred Nordmann geht hier noch einen Schritt weiter und definiert Technik wie folgt: »Technik ist unsere Art, mit Dingen umzugehen, sie ist die Art und Weise, wie wir die materielle Welt organisieren oder gestalten – sie interessiert sich dafür, welche Wirkungen die Dinge hervorbringen können. Als solche ist Technik mit Sprache verwandt, denn Sprache ist unsere Art, mit Menschen umzugehen, sie ist die Art und Weise, wie wir soziale Interaktionen organisieren oder gestalten – sie interessiert sich dafür, welche Handlungen Menschen mit Worten ausführen.« (Nordmann 2020, 86)

Aus diesen Prämissen schließt er, dass, ebenso wie eine Präposition eine Tatsache innerhalb eines Sprachspiels ausdrückt, ein technisches Objekt einen möglichen Raum hervorbringt, in dem es vorgibt, wie dieses Objekt verwendet werden kann. Daraus ergibt sich eine Grammatik der Objekte, die uns zeigt, was sie tun können.

In Anlehnung an Hasok Chang einerseits und die von Coeckelbergh und Nordmann vorgeschlagene Technikphilosophie andererseits schlage ich vor, noch einen weiteren Schritt zu machen: die bioinspirierte Praxis nämlich nicht als eine Übung in der Nachahmung der Natur zu analysieren (wenn auch eine komplexe und vielschichtige, wie im vorigen Abschnitt gesehen), sondern als eine Übung in der Übersetzung von einer Sprache (der von BiologInnen hervorgebrachten und benutzten Sprache der natürlichen Formen) in eine andere (die der biorobotischen Objekte). Diese Praxis ist das Herzstück des technologischen Spiels der Biorobotik.

3.5 Vom Nachahmen zum Übersetzen

Um den im vorigen Abschnitt vorgeschlagenen Schritt zu gehen (d.h. meinem Vorschlag zu folgen, sich auf die Biorobotik-Praktiken im Hinblick der Sprache zu konzentrieren), ist es notwendig, jeden möglichen metaphysischen Diskurs zu vermeiden, der nicht in den wissenschaftlichen Praktiken selbst verwurzelt ist. Mit anderen Worten: Ich werde mich nicht auf die Frage konzentrieren, was die Natur an sich ist oder was den Schritt zur Biorobotik an sich möglich macht, sondern darauf, wie wir als Menschen die Natur im Rahmen des biorobotischen Technologiespiels manipulieren, komponieren und damit in gewisser Weise kontrollieren können. In diesem Fall konzentriere ich mich also auf den Gebrauch der biorobotischen Sprache, d.h. auf das »Verb« und die »Handlung« der biorobotischen Komposition, und nicht auf das Endprodukt, wie von Hasok Chang u.a. in *Philosophy of Science in Practice* argumentiert (Chang 2012; 2011; 2022; Tamborini 2022a; Ankeny u.a. 2011; Soler u.a. 2014).

Der Prozess der biorobotischen Fertigkeit nimmt, so lautet meine These, in einer sehr spezifischen Praxis Gestalt an: der Praxis der *Übersetzung*. Diese Praxis hat den Zweck, etwas in etwas anderes umzuwandeln. Das heißt, einen Sinn und eine Bedeutung von einem Bereich in einen anderen zu übertragen, um diese Menschen zugänglich zu machen, die zuvor keinen Zugang zum ersten Bereich hatten. Die Praxis der Übersetzung überträgt zum Beispiel die Komplexität der Fortbewegung des Salamanders in die künstlichen Strukturen eines Roboters. Der Prozess der Sozialisierung und der sozialen Distanzierung bei Fischen wird mithilfe eines Roboters übersetzt, die Form der Mohnkapsel wird in einen Salzstreuer übersetzt, usw. Bei diesem Übersetzungsprozess werden, wie bei jeder Übersetzung, einige Elemente beibehalten, andere verändert oder vereinfacht, manche umschrieben und wieder andere weggelassen. Bei der Übertragung des Salamander-Organismus auf den Salamander-Roboter werden beispielsweise mehrere morphologische, soziale und umweltbezogene Elemente weggelassen, um die Konzentration auf ein Element zu erlauben: den für die Fortbewegung verantwortlichen Form-Funktions-Komplex. Dieser wird isoliert, zerlegt und im Roboter wieder zusammengesetzt.

In dieser Praxis der Isolierung, der Ausklammerung und der Neuzusammensetzung lassen sich drei mögliche Übersetzungsprozesse und -praktiken identifizieren: 1) Es wird nur die Funktion übersetzt (man denke an die Maschine »Canard Digérateur«, die den Verdauungsprozess von Enten nachahmt); 2) Es wird nur die Form übersetzt (viele Experimente von Leonardo da Vinci oder von Francé waren bloße Neuzusammensetzungen natürlicher Formen); 3) Es wird der Form-Funktions-Komplex übersetzt (wie zum Beispiel im Fall des Salamanders oder

der Roboterfische). Diese letzte Übersetzungsübung ist emblematisch, denn in diesem Fall würde die bloße Übersetzung und Neuzusammensetzung von Form oder Funktion die Komplexität und Bedeutung des ursprünglichen Organismus komplett darstellen. Die Funktion wurde beispielsweise überarbeitet und mathematisch umgesetzt, so dass ein mögliches mathematisches Umsetzungsschema entstand – dieses mathematische Umsetzungsschema ist sehr wichtig, weil es dem/der IngenieurIn in seiner/ihrer Rolle als ÜbersetzerIn erlaubt, Anhaltspunkte zu finden, mit denen er/sie die Natur gemäß seinem konzeptionellen Schema lesen kann.[10] Der Sinn des Studiums und damit der Beherrschung des Problems der Fortbewegung liegt jedoch in der »Herstellung« des Handwerkers, wie Georges Canguilhem sagen würde. Das heißt, bei der Umsetzung der Funktion in eine mögliche (technische) Form. Diese Praxis des Komponierens und Übersetzens basiert also darauf, die Formen der Natur als ein *komplexes Buch* (Blumenberg 1979) zu betrachten und Werkzeuge, d. h. Sprachspiele, zu entwickeln, die den Übergang zwischen möglichen Domänen auf der Grundlage einer Übersetzung ermöglichen.

Da die Neuzusammensetzung biotechnischer Formen eine Praxis der Übersetzung ist, stellt sich außerdem die Frage, ob es eine Übersetzung gibt, die vergleichsweise besser geeignet ist als andere, wenn man bedenkt, dass beide dasselbe Ziel erreichen müssen. Wie in Kapitel 2 gesehen, gibt es im Fall der Biorobotik mindestens drei verschiedene techno-synthetische Ziele: 1) Verstehen des Verhaltens oder der Morphologie lebender Systeme durch robotergestützte Modellierung; 2) Testen und Validieren der Funktionalität und des Verhaltens eines Roboters; 3) Schaffung von performativen Objekten, die sich in den Organismus integrieren und seine Fähigkeiten verbessern.[11] Eine angemessene Übersetzung ist eine Übersetzung, »die die textlichen Beziehungen eines Ausgangstextes in der Zielsprache wiedergibt, ohne dabei das eigene [grundlegende] Sprachsystem zu verletzen« (Toury 2012, 79). Mit anderen Worten: Eine Übersetzung ist angemessener als eine andere, wenn sie mir erlaubt, ein Sprachspiel zu spielen und so eine Lebensform zu erforschen, zu erleben oder zu erschaffen, die im ursprünglichen Sprachspiel ausgeschlossen wäre.

Wie Silvia Panizza notiert (Panizza 2018), reicht die bloße Übertragung von Sprachen nicht aus, um den Übersetzungsprozess zu begründen – im Fall der Biorobotik das Sprachspiel der BiologInnen, die die Biomechanik des Salamanders zeigen, und das Technologiespiel der IngenieurInnen, die die Praktikabilität des Baus eines Roboters erweisen, der sich auf eine bestimmte Weise bewegt. Die »Umgebung« des gewählten Sprachspiels trägt dazu bei, ihm seine Bedeutung zu verleihen. Wie Wittgenstein bemerkt: »Was jetzt geschieht, hat Bedeutung in dieser Umgebung. Die Umgebung gibt ihm die Wichtigkeit.« (Wittgenstein 2009, 153 § 583) Indem wir also das im technologischen Spiel übersetzte Objekt (den Robotersalamander) in die Umgebung des Salamanders versetzen, können wir testen, ob er sich in dieser Umgebung als lebender Salamander bewegt und daran teilnimmt. Da sich der Roboter in der Umwelt genauso wie ein Salamander verhält, ist die Übersetzung angemessen.

Im Falle von Fischen (d.h. im Falle der sogenannten interaktiven Biorobotik) ist dies sogar noch symbolträchtiger. Hier gehen die Roboter eine Kooperation und Verbindung mit der Lebensform Fisch ein, was beweist, dass die Übersetzung angemessen ist, weil sie mir erlaubt, eine andere Lebensform zu erkunden, die ohne Übersetzung und Kompositionspraxis unbekannt wäre.

Die Praxis der Übersetzung ermöglicht es mir also, mit einer neuen Lebensform in Kontakt zu kommen und sie zu erforschen. Mit anderen Worten: Durch ein technologisches Spiel erhalten WissenschaftlerInnen Zugang zu der untersuchten Lebensform. Es ist jedoch wichtig festzuhalten, dass es sich dabei weder um eine wörtliche Übersetzung noch um eine freie Interpretation der untersuchten Lebensform handelt, sondern um eine Übersetzung der Art und Weise, *wie* wir als Subjekte die Welt wahrnehmen, untersuchen und kategorisieren. Was übersetzt wird, ist die Art und Weise, wie wir die komplexe Form/Funktion eines Organismus klassifizieren: Man kann die Objekte und Subjekte nicht von ihrem Kontext lösen, sondern muss sie gerade in ihrer intentionalen »Verunreinigung« untersuchen (Tamborini 2022a; Liggieri, Tamborini und Del Fabbro 2023). Tatsächlich basiert das technologische Spiel der Biorobotik auf dem Zusammenspiel von BiologInnen (und ihrem Wissen) und der technischen Machbarkeit. Mit anderen Worten, und wie ich am Ende dieses Kapitels zeigen werde, basiert die Praxis der Übersetzung auf einem epistemischen (*wie* wir die Welt kennen, erkennen und manipulieren) und nicht auf einem ontologischen (*was* die Welt ist) Hintergrund.

Der Begriff der Übersetzung, den ich deshalb vorschlage, um die Praxis der Biorobotik zu erfassen, ist dem funktionalistischen Begriff der Übersetzung sehr ähnlich. 1997 veröffentlichte Christiane Nord ihr Buch *Translating as a Purposeful Activity*. Darin hebt sie drei wesentliche Aspekte der Übersetzung hervor. Erstens, »die Bedeutung des Übersetzungsauftrags« (Nord 1997, 59–62): Der Übersetzer oder die Übersetzerin muss zunächst das im Übersetzungsauftrag festgelegte Profil des Ausgangstextes analysieren, bevor er oder sie eine sorgfältige Textstudie durchführt. Anhand dieser Informationen kann der/die ÜbersetzerIn Prioritäten für die Informationen setzen, die in den zu übersetzenden Text aufgenommen werden sollen. Zweitens: »Die Rolle der Quelltextanalyse« (ebd., 62–67): Sobald klar ist, was sich und wie es sich übersetzen lässt, kann man mit der Übersetzungsarbeit beginnen, indem man funktionale Eigenschaften nutzt und hervorhebt, um »eine pragmatische Analyse der betreffenden kommunikativen Situationen vorzunehmen und dasselbe Modell sowohl für den Ausgangstext als auch für den Übersetzungsauftrag zu verwenden, damit die Ergebnisse vergleichbar sind« (ebd., 62). Drittens ergibt sich daraus eine Hierarchie von Elementen, die bei der Durchführung einer Übersetzung berücksichtigt werden müssen: 1) Die beabsichtigte Funktion der Übersetzung muss festgelegt werden. 2) Die funktionalen Elemente, die an die Situation des Zielpublikums angepasst werden sollen, müssen bestimmt werden. 3) Die Art der Übersetzung bestimmt den Stil der Übersetzung (orientiert an der Ausgangskultur oder der Zielkultur). 4) Die Probleme des Textes können dann auf einer niedrigeren sprachlichen Ebene angegangen werden.

Dieser Prozess der funktionalen Übersetzung kann herangezogen werden, um die Praxis des technologischen Spiels in der Biorobotik zu beschreiben. Wie in Aufsätzen in Fachzeitschriften zu lesen ist, stellt der/die WissenschaftlerIn zunächst bei natürlichen Organismen fest, was übersetzt werden kann (z.B. der Fortbewegungskomplex beim Salamander), aus welchem Grund (wissenschaftlich oder technisch), in welchem Medium das Original erscheint (Verbindung von starrem und weichem Gewebe, bestimmt durch physikalische, chemische und mechanische Eigenschaften). Sodann untersucht er/sie die Struktur und die Eigenschaften von Organismen und versucht zu verstehen, welche Gesetze hinter der Zusammensetzung der Formen der Natur stehen, welche funktionalen Eigenschaften übertragen werden müssen, auf welche verzichtet werden kann, welche nicht übersetzt werden können und welche wissenschaftlichen, technischen und metaphysischen Annahmen er/sie selbst vertritt. Danach kann eine Übersetzung stattfinden. Zwei Übersetzungen sind funktional angemessen, wenn sie es dem/der ÜbersetzerIn ermöglichen, etwas zu produzieren, *das funktional dem Original entspricht:* Der Erfolg der Übersetzungsarbeiten kann dann anhand der Funktionalität der Übersetzung in der Umgebung des zu übersetzenden Objektes überprüft und bewertet werden.

Ein Beispiel: Wenn der/die ÜbersetzerIn ein Kochverfahren, z.B. das Abgießen von Nudeln mit einem Sieb, von einer Sprache in eine andere übersetzen muss, kann er/sie ein anderes Utensil oder ein anderes Verfahren vorschlagen, um das gleiche Ergebnis zu erzielen (z.B. den Topf öffnen und das Wasser ausgießen, während der Deckel auf dem Topf geöffnet bleibt). Diese Übersetzung ist funktional adäquat, weil sie es der Person, die den übersetzten Text liest, ermöglicht, die Nudeln abzugießen. Ebenso ist die Übersetzung der Bewegung des Salamanders in einen Roboter funktional angemessen, weil sich der Salamander-Roboter wie ein Salamander bewegt und die Wissenschaftlerinnen und Wissenschaftler daher neue Fragen stellen können.

Daraus ergibt sich eine große Anzahl von möglichen Übersetzungen mit mehr oder weniger Funktionalität. Aufgrund der größeren Funktionalität, die realisiert werden kann, sowie des Prinzips der Sparsamkeit und der Bequemlichkeit (eine Übersetzung ist vorzuziehen, die es dem/der betreffenden BenutzerIn ermöglicht, den Ausgangstext mit so wenig Aufwand wie möglich einzugeben, während das gleiche Maß an Funktionalität erhalten bleibt), wird eine Übersetzung einer anderen vorgezogen.

Darüber hinaus ist auf rein heuristischer Ebene eine Übersetzung einer anderen vorzuziehen, wenn das Prinzip der Reversibilität, d.h. das Prinzip, sich zwischen zwei verschiedenen Positionen, Texten, Sprachspielen bewegen zu können, bei gleichem Grad an Funktionalität, Sparsamkeit und Bequemlichkeit der

Übersetzung erhalten bleibt. Ein Beispiel: Ein Text A, zum Beispiel auf Deutsch, wird in Text B (Italienisch) übersetzt. Um zu prüfen, ob es sich um eine vergleichsweise angemessene Übersetzung handelt, kann ich den Text B zurück in den Text A übersetzen (ohne ihn vorher zu kennen) und erhalte daraus einen anderen Text C. Wenn dieser Text C mich dazu verleitet, ein ähnliches Sprachspiel wie der Text A zu spielen und in seine Lebensform einzutreten, dann ist dies eine angemessene Übersetzung.[12] Ich kann die Worte ändern (oder die Materialien und die physische Erscheinung im Falle der Biorobotik), aber die Reversibilität muss erhalten bleiben. Ein Witz, eine Redewendung oder ein Zungenbrecher muss quasi ohne Bedeutungsverlust in das Original rückübersetzbar sein.

3.6 Reversibilität

Ein Beispiel für das Prinzip der Reversibilität ist Alessandro Manzonis berühmter historischer Roman *I promessi sposi* [*Die Verlobten*] (1840–1842), in dem der Autor die Ereignisse um die Verlobten Renzo und Lucia schildert. Am Ende des Buches macht der Autor die Botschaft der Geschichte deutlich, indem er sie den »sugo della storia«, »Sugo der Geschichte«, nennt. Das italienische Wort »sugo« bedeutet »Sauce«. Manzoni verwendet dieses Wort, um seine Botschaft von der göttlichen Vorsehung noch besser an die arme und ungebildete Schicht Italiens in der zweiten Hälfte des 19. Jahrhunderts zu vermitteln. So wie die Sauce der Nudeln dem Gericht Geschmack und Einheit verleiht, so ist die Sauce der Geschichte der Sinn, der der ganzen Geschichte Geschmack und Bedeutung gibt. In einigen Übersetzungen können wir nun lesen:

»Questa conclusione, benchè trovata da povera gente, c'è parsa così giusta, che abbiam pensato di metterla qui, come il sugo di tutta la storia« (Manzoni 1997, 558).

Englische Überestzung: »Although this was said by poor peasants, it appears to us so just, that we offer it here as the moral of our story« (Manzoni 1856, 452).

Deutsche Übersetzung: »Dieser Schluß, obwohl von einfachen Leuten gefunden, hat uns so richtig geschienen, daß wir ihn als den Kern der ganzen Geschichte hierher zu setzen gedacht haben« (Manzoni 1879, 320).

Spanische Übersetzung: »Esta conclusión, aunque hallada por pobre gente, nos ha parecido tan justa, que hemos pensado en ponerla aquí, como el jugo de toda la historia« (Manzoni 2015).

Alle drei Übersetzungen sind sehr gut, da alle drei verschiedene funktionalistische Elemente des ursprünglichen Sprachspiels wiedergeben. Aber meiner Meinung nach ist die spanische die angemessenere, denn obwohl im Englischen und Deutschen der Wortsinn (d.h. die übergreifende Lehre, die der Autor zu vermitteln versucht) erfasst wird, wird der visuelle Aspekt nicht dargestellt. Mit dem Wort »jugo«, d.h. »Saft«, kommt der Übersetzer dem italienischen Wort »sugo« sehr nahe, da er dem/der LeserIn die Bedeutung des Ausdrucks in einer *möglichen Welt*, die der gegebenen Ausgangswelt vergleichbar ist, visuell deutlich macht.

Derselbe Prozess der Reversibilität muss heuristisch im Blick behalten werden, wenn es darum geht, die Angemessenheit der Übersetzung in der biorobotischen Praxis zu beurteilen. Allerdings kann ich den Salamander-Roboter natürlich nicht vollständig rückübersetzen und rekombinieren, um wieder einen lebenden Organismus zu erhalten. Was jedoch bleibt, ist die komplexe Form und Funktion des Salamander-Organismus.

Um zu testen, ob die Übersetzung vergleichsweise angemessener ist als eine andere, müssen wir nur den Roboter in die Salamander-Lebensform einsetzen und sehen, ob er sich in einer möglichen Umgebung angesichts der Struktur des entworfenen Roboters auf dieselbe Weise bewegt. Dieser Fall tritt genau in dem zuletzt entwickelten Roboterprototyp auf (und nicht in den vorherigen), der zeigt, wie er in der Lage ist, Zugang zu einer anderen Lebensform zu erhalten.

3.7 Übersetzung als epistemische Praxis

Wenn wir die Praxis der Biorobotik als eine Übersetzungsübung verstehen und konzipieren, erlangen wir einige Vorteile beim Verständnis der Praxis und der kognitiven und technischen Ansprüche der Robotik. Erstens zeigen wir, dass der Prozess der Übersetzung von einer Sprache in eine andere das praktische und funktionale Element in den Mittelpunkt stellt, das es uns ermöglicht, zwei unterschiedliche Elemente (die Formen der Natur und der Technik) unter Wahrung ihrer Distanz zusammenzubringen und dennoch ihre mögliche Kommunizierbarkeit als Ganzes zu erreichen – ich werde auf die Bedeutung der Kommunizierbarkeit zwischen den beiden Sprachen für die Verwirklichung der biorobotischen Praxis in Kapitel 6 zurückkommen. Wie Ernst Cassirer bemerkt, »zeigen diese Ordnungen eine bestimmte ›Fügung‹ und einen gemeinsamen formalen Grundcharakter. Sie sind so geartet, daß von jedem ihrer Momente ein Übergang zum Ganzen möglich ist, weil die Verfassung dieses Ganzen in jedem Moment darstellbar und dargestellt ist« (Cassirer 2010, 218). Infolgedessen sei nun, so fährt Cassirer fort, »jedes besondere Phänomen [...] nur noch Buchstabe, der nicht um seiner selbst willen erfaßt, der nicht etwa nach seinen eigenen sinnlichen Bestandteilen oder nach der Gesamtheit seines sinnlichen Aspekts betrachtet wird, sondern über den der Blick hinweg- und durch welchen er hindurchgeht, um sich die Bedeutung des Wortes, dem der Buchstabe angehört, und den Sinn des Satzes, in welchem dieses Wort steht, zu vergegenwärtigen« (Cassirer 2010, 218). Daher sollten wir wissenschaftliche Erfahrungen und Praktiken als zusammenhängende und sinnvolle Ganzheiten betrachten und nicht nur als eine Ansammlung von Einzelteilen.

Dieser Prozess des Erfassens der Strukturen einer möglichen Lebensform, die unserer Sprache zugrunde liegt, hat Auswirkungen auf den Begriff des Subjekts und des Objekts selbst. Das Objekt des Wissens vermischt sich in einem technologischen Spiel mit dem Subjekt: »Die Aufgabe [ist], eine bestimmte Bedeutung zu vermitteln und sie mit anderen zu Bedeutungsgefügen, zu Sinnkomplexen zusammenzufassen.« (Cassirer 2010, 218) Mit den Worten von Bruno Latour: »Wenn man so will, aber nur unter der Bedingung, daß man die verrückte Idee aufgibt, das Subjekt setze sich in einen Gegensatz zum Objekt. Denn es gibt weder Subjekte noch Objekte, weder am – mythischen – Anfang noch am – gleichfalls mythischen – Ende.« (Latour 1996, 37)

Zweitens, der Prozess der Übersetzung von Naturformen in technische Formen betont und unterstreicht die Bedeutung der materiellen (qualitativen) Strukturen, die sich nur schwer von einer Sprache in eine andere übersetzen lassen. Wie oben argumentiert, können die Roboter der Biorobotik nicht komplett reversibel in natürliche Formen umgewandelt werden. Dieses Prinzip der absoluten Reversibilität ist ausgeschlossen, da es bestimmte Elemente in den Formen der Natur gibt, die sich nur schwer in einer Sprache formalisieren lassen. Dies wiederum ist ein altes philosophisches Problem, das bereits von Leibniz,

Kant, Goethe und anderen erkannt wurde. Leibniz sprach von »*Cognitio clara confusa*« (Leibniz 1684). Damit meinte er eine klare, aber verworrene Art der Erkenntnis, bei der die Merkmale, die einen Gegenstand zu einem bestimmten Gegenstand machen, nicht getrennt oder überhaupt nicht erfasst werden, obwohl der Gegenstand diese Merkmale tatsächlich oder vielmehr eindeutig besitzt. Kant prägte den Begriff der »ästhetischen Idee« und verstand ihn als »diejenige Vorstellung der Einbildungskraft, die viel zu denken veranlaßt, ohne dass ihr doch irgend ein bestimmter Gedanke, d.i. *Begriff*, adäquat sein kann, die folglich keine Sprache völlig erreicht und verständlich machen kann« (Kant 1974, 250, B 314). Ausgehend von Kant hat Goethe diese nicht formalisierbaren Elemente durch den Begriff des Symbols noch deutlicher herausgestellt. Mit seinen Worten: »Die Symbolik verwandelt die Erscheinung in Idee, die Idee in ein Bild, und so, dass die Idee im Bild immer unendlich wirksam und unerreichbar bleibt und, selbst in allen Sprachen ausgesprochen, doch unaussprechlich bliebe.« (Goethe 1817, Nr. 112)[13]

Hierzu hat Wittgenstein einen Aphorismus geschrieben, der genau den Punkt trifft: ein »Mensch [kann] für einen andern ein völliges Rätsel sein. Das erfährt man, wenn man in ein fremdes Land mit gänzlich fremden Traditionen kommt; und zwar auch dann, wenn man die Sprache des Landes beherrscht. Man *versteht* die Menschen nicht. (Und nicht darum, weil man nicht weiß, was sie zu sich selber sprechen.) Wir können uns nicht in sie finden.« (Wittgenstein 2009, 223) Es gibt deshalb materielle Strukturen, die die mögliche Übersetzung einer Form in eine andere, in unserem Fall von einer biologischen Form in eine technische Form, einschränken und ermöglichen, wodurch die Rätselhaftigkeit der anderen Lebensform beibehalten wird. Diese Zwänge der Form sind schwer zu übersetzen, da sie die Welt charakterisieren, in der eine Form existiert – man denke an den Ausdruck »il sugo della storia«, der eine komplexe Lebensform bestimmt. In diesem Fall verliert also der Formalismus des Übersetzungsprozesses, der auf den ersten Blick das einzige zentrale Element der epistemischen Praxis der Biorobotik zu sein scheint, seinen Reichtum und seine Kraft zugunsten der qualitativen und materiellen Elemente, die schwer zu übersetzen sind (wie die Symbolik des Ausdrucks). Diese erfüllen eine grundlegende Aufgabe, indem sie eine Beschränkung für die willkürliche Übersetzung organischer Prozesse und Formen darstellen. Mit anderen Worten: Die Zwänge, die von der Natur und der Qualität der Materie abhängen, sind die Quellen für die Stabilität und Gültigkeit des Übersetzungsprozesses selbst. Dies führt zu einer Mehrsprachigkeit und Kakophonie, mit der uns in verschiedenen Lebensformen und techno-linguistischen Spielen hervorragend zurechtzufinden wir jedoch lernen können.

Drittens lehnt mein Ansatz philosophische Theorien ab, die eine isomorphe (siehe Schlick 1938; Wittgenstein 1921) oder »kontinuistische« (siehe z.B. Mach 1905; vgl. dazu Stadler 2019; Cardani 2019) Beziehung zwischen Natur und Technik betonen. Nach dieser Theorie ist die Übersetzung als eine starre Assoziation zu verstehen, durch die das Wort einer Sprache eindeutig mit dem entsprechenden Begriff einer anderen verbunden ist. Der Übersetzungsprozess ist, wie ich argumentiert habe, eine komplexe Tätigkeit und hängt von einer Reihe verschiedener Faktoren ab (Rolle des Mediums; Absicht der Übersetzung; was übersetzt werden kann oder nicht usw.), die immer berücksichtigt und konstant praktisch ausgehandelt werden sollten, anstatt eine gemeinsame Struktur zu haben.

Schließlich betont der linguistische Ansatz die Grammatik der natürlichen und biotechnologischen Objekte. Indem die Übersetzbarkeit einer Sprache in eine andere gezeigt wird (es ist immer noch richtig zu betonen, dass es sich um eine sprachliche Übersetzbarkeit handelt und nicht um eine Identität zwischen Objekten unabhängig von unserem System der Praktiken), werden die Grammatik der Objekte und die Unterschiede zwischen natürlichen Objekten (Organismen) und biotechnologischen Objekten offengelegt. In der Tat zeigt der Prozess der Übersetzung, was und wie Organismen etwas tun oder nicht tun können, und folglich auch alle Grenzen der biorobotischen Objekte. Da die Übersetzung die Symbolik funktional macht und eine vollständige Reversibilität ausgeschlossen ist, müssen sich die WissenschaftlerInnen auf die schwer zu übersetzenden Elemente konzentrieren (das, was Goethe symbolisch nennt und was keine Sprache übersetzen kann), um mögliche funktionale Äquivalente in ihren technischen Praktiken zu finden. Diese Beobachtung wirft die Frage nach den möglichen Eigenschaften von Organismen und der Rolle der organischen Materie bei der Konstruktion von Robotern auf.

4. Holistische Robotik: Maschinen mit materiellen Qualitäten und verteilter Intelligenz

Im vorangegangenen Kapitel haben wir gesehen, dass die Biorobotik als ein Werk der Übersetzung innerhalb eines umfassenderen technologischen Spiels verstanden werden kann. In dieser Übersetzungsarbeit wird die Grammatik von organischen und technologischen Objekten erkennbar, und es stellt sich die Frage, wie sich der Übergang von einer Grammatik zur anderen vollzieht. In diesem Kapitel werde ich mich auf die Unterscheidung zwischen weicher und harter Robotik konzentrieren, indem ich zeige, inwiefern beim biorobotischen Design die morphologischen Eigenschaften der Materie eine zentrale Rolle spielen.

Dieser Punkt ist eigentlich schon seit den Anfängen der Robotik zentral. Wie bereits beschrieben, wird in dem Science-Fiction-Werk *R.U.R.* des tschechischen Schriftstellers Karel Čapek die Entdeckung einer besonderen lebenden Materie gemacht, die in der Lage ist, Maschinen in tierähnliche Kreaturen zu verwandeln. Die Möglichkeit von Handlung und Bewegung in Menschengestalt wird dabei von den Eigenschaften dieser Materie selbst abgeleitet. In der jüngsten Praxis der Biorobotik sehen wir ganz ähnlich eine neue Ausrichtung hin zu den Eigenschaften von Materie als wesentliche Antriebskräfte in der Robotik. Diese Entwicklung in der heutigen Biorobotik hat einerseits eine umfassendere und stärker organische Definition der biotechnischen Materie mit sich gebracht und andererseits einen Anstoß zur Entwicklung neuer biorobotischer Designpraktiken gegeben. Das Ziel lautet nämlich: Die nächste Generation von Robotersystemen muss in der Lage sein, in komplexen, dynamischen Umgebungen sicher zu operieren. Welche Rolle spielen also Materie und Körperlichkeit bei der Übersetzung der Formen der Natur in biotechnische Formen?

4.1 Von internen Abbildungen zur Verkörperung: die Entwicklung des Roboterdesigns

Einer der wichtigsten Wendepunkte in der Entwicklung von Robotern war der Übergang von ihrer Konstruktion auf der Grundlage einer internen Abbildung der Welt (der Fähigkeit, auf der Grundlage detaillierter interner Modelle oder Repräsentationen der Außenwelt zu verstehen, wo man sich befindet – was bedeutet, dass diese Repräsentationen in die Roboter einprogrammiert werden müssen) zu dem von dem australischen Informatiker und Kognitionswissenschaftler Rodney Brooks vorgeschlagenen Konzept der repräsentationslosen Intelligenz (Brooks 1999). In einer Reihe von Beiträgen betont dieser, dass Intelligenz immer einen vernetzten, partizipierenden Körper voraussetzt und dass wir uns folglich nicht auf komplexe interne Repräsentationen und Modelle der Außenwelt konzentrieren sollten. Daran schließt sich der Vorschlag an, dass der Schwerpunkt der Kognitions- und Roboterwissenschaften nicht auf der sprachlichen Form der Gedanken, sondern auf der Interaktion zwischen System und Umwelt liegen sollte.

In diesem Sinne haben einige WissenschaftlerInnen die Entwicklung von Biorobotern in Richtung eines neuen methodischen Paradigmas vorangetrieben: eine Ablehnung der reinen neuronalen Modellierung, d.h. der Grundidee, dass das Verhalten das Ergebnis der internen Kontrollstruktur des Agenten ist (seiner Software, gemäß der gängigen These, dass »Neuronen und das Gehirn – die zentralen Elemente der Kognition – fast vollständig von den Lebensprozessen abstrahiert werden, in die sie eingebettet sind« (Harrison, Rorot und Laukaityte 2022, 2) hin zu Robotern, die sich auf »Begriffe wie Selbstorganisation und Verkörperung konzentrieren, d.h. auf die wechselseitige und dynamische Kopplung zwischen Gehirn (Steuerung), Körper und Umwelt« (Pfeifer, Lungarella und Iida 2007, 1088). In der Tat spielen die verschiedenen Arten von Umgebungen, in denen ein Roboter agieren kann, bei seiner Gestaltung und seinem Betrieb eine wichtige Rolle. Roboter sind nämlich immer in einen Raum eingebettet, der ein bestimmendes Element für ihr Handlungsspektrum ist. In der Industrie zum Beispiel führen Roboter verschiedene Aufgaben aus (Schweißen, Montage, Auslieferung von Bestellungen usw.). Diese Aufgaben müssen schnell und präzise erledigt werden. Die Umgebung muss so gestaltet sein, dass die Interaktion zwischen dem Menschen und der Maschine nicht gefährlich ist. Eine ideale Umgebung wird daher zusammen mit dem Roboter selbst und unter Berücksichtigung der möglichen Interaktion mit dem Menschen entworfen. Im Gegensatz dazu müssen Roboter, die in der realen Welt arbeiten sollen, mit unsicheren Situationen umgehen und schnell auf Veränderungen in der Umgebung reagieren können. Roboter werden daher immer für eine bestimmte Arbeitsumgebung konzipiert, in der sie bestimmte Verhaltensweisen zeigen können.

Die Verlagerung des Schwerpunkts von der reinen Software, die für die Steuerung und Berechnung von Daten verantwortlich ist, auf den Begriff der Organisation und Verkörperung ebnet den Weg für eine neue Methodik des Roboterdesigns und eine

Theorie der eingebetteten Robotik. Die Entwicklung von Robotern mit dem Ziel der Ausnutzung von Möglichkeiten der Verkörperung und Selbstorganisation hat mehrere Vorteile. Indem sie sich auf die Interaktion zwischen dem Roboter, der Umgebung und anderen AkteurInnen konzentrieren, können DesignerInnen auf diese Weise Roboter entwerfen, die besser in der Lage sind, eine Vielzahl von Aufgaben und Situationen zu bewältigen, und die mit Menschen auf eine natürlichere und intuitivere Weise interagieren können. Roboter, die auf natürliche und einfühlsame Weise mit PatientInnen kommunizieren können, sind zum Beispiel besser in der Lage, Pflege und Unterstützung im Gesundheitswesen zu leisten. Ebenso können Roboter, die mit Menschen auf eine freundliche und zugängliche Art und Weise in Kontakt treten können, im öffentlichen Raum besser Wegbeschreibungen geben oder Fragen beantworten.

Ganz allgemein hat die Verlagerung auf Verkörperung und Selbstorganisation in der Robotik neue Möglichkeiten für die Entwicklung effektiverer und anpassungsfähigerer Roboter eröffnet. Dieser Ansatz gewinnt zunehmend an Bedeutung, da das Ziel immer mehr darin besteht, Roboter zu entwickeln, die auf sinnvolle und effektive Weise mit ihrer Umgebung interagieren können.

4.2 Aus den Laboren in die reale Welt

In ihrem bahnbrechenden Buch *How the Body Shapes the Way We Think. A New View of Intelligence* aus dem Jahr 2006 entwickelten die Wissenschaftler Rolf Pfeifer und Josh Bongard eine Theorie der Intelligenz, die die Methodik der heutigen Biorobotik stark beeinflusst hat (Pfeifer und Bongard 2006). Sie konzentrierten sich auf die Untersuchung autonomer Systeme, also

Roboter, die nicht direkt vom Menschen gesteuert werden müssen und intelligentes Verhalten zeigen. Bei der Untersuchung und Gestaltung dieser Systeme müssen einige Elemente berücksichtigt werden, die bisher nur am Rande behandelt wurden. Vor allem die Rolle der Umgebung muss nach Ansicht der Autoren stärker nachgeprüft und in den Mittelpunkt der Robotikforschung und -gestaltung gerückt werden. Nach ihrer Ansicht besteht nämlich ein großer Unterschied zwischen der Entwicklung und Analyse von Robotern in einer sterilen Umgebung wie dem Labor und dem Verhalten von Organismen in der Außenwelt. Die Wissenschaftler halten fest, dass im Gegensatz zur Laborumgebung »die reale Welt Zeit braucht, um Informationen aus ihr zu extrahieren, und dass die Extraktion immer partiell und fehleranfällig ist; sie ist nicht sauber in diskrete Zustände unterteilbar; sie verlangt von den Agenten, die in ihr agieren, mehrere Dinge gleichzeitig zu tun; und schließlich verändert sich die reale Welt aus eigenem Antrieb und nicht nur als Reaktion auf die Aktionen der Agenten« (Pfeifer und Bongard 2006, 92). Daraus folgt, dass »ein physischer Akteur aufgrund seiner Anwesenheit in der realen Welt einigen Einschränkungen ausgesetzt ist: Es gibt einige Dinge, die er einfach nicht tun kann, wie z.B. die sofortige Extraktion von Informationen aus der Umgebung ohne Rauschen.« (Ebd., 92)

Diese Grenzen und Möglichkeiten des Handelns müssen bei der Konstruktion eines Roboters mit einbezogen werden und sind somit integraler Bestandteil der Dynamik der Robotik. Mit anderen Worten: Da Organismen immer Teil der Welt sind und ihre Intelligenz »verkörpert« ist, müssen auch Roboter verkörpert sein. Pfeifer und Bongard diskutieren diese Eigenschaft ausführlich und führen einige Merkmale der Verkörperung an: Alle Agenten sind: 1. den physikalischen Gesetzmäßigkeiten unterworfen (z.B. Schwerkraft, Energieverlust, Reibung etc.) und erzeugen 2. durch Bewegung und allgemein durch Interaktion mit der realen Welt sensorische Reize. Jeder Organismus produziert schließlich, wenn er sich bewegt oder wenn er die Umwelt erforscht, alle möglichen Arten von Daten, die sich je nach Art der Interaktion, welche er mit der Umwelt unternimmt, unterscheiden. 3. Durch ihr Verhalten beeinflussen und verändern die Agenten ihre Umwelt. Diese Veränderungen können unterschiedlicher Art sein (von den einfachsten bis zu den dramatischsten – man denke an den Klimawandel und das vom Menschen verursachte Anthropozän). 4. Agenten sind komplexe dynamische Systeme, die sich in einem Zustand der »Anziehung« befinden, wenn sie mit der Umwelt interagieren. Das bedeutet, dass sie sich immer in einem Zustand der Interaktion und Dynamik mit der Umwelt befinden.

Das klassische Beispiel, an das sich die beiden Wissenschaftler halten, um die Unterschiede zwischen Maschinen und Organismen herauszuarbeiten, ist das Pferd. Pferde können laufen, traben, galoppieren und rennen. Organismen wechseln ständig von einem Zustand in einen anderen, und diese ständige Veränderung ist das Ergebnis der Interaktion zwischen dem »Körper des Agenten, seinem Gehirn (oder Kontrollsystem) und seiner Umwelt«. Agenten führen »morphologische Berechnungen« durch (Pfeifer und Bongard 2006, 96). Damit meinen die beiden Autoren, dass es bestimmte morphologische Eigenschaften von Organismen gibt, die sich aus ihrer Existenz in der Welt ergeben. Diese Eigenschaften ermöglichen, verändern, begrenzen oder erweitern die von der Umgebung übertragene Berechnungskapazität. Die beiden Wissenschaftler definieren »morphologische Berechnung« folgendermaßen: »Mit ›morphological computing‹ meinen wir, dass bestimmte Prozesse vom Körper ausgeführt werden, die sonst vom Gehirn ausgeführt werden müssten.« (Pfeifer und Bongard 2006, 96) Das klassische Beispiel ist das der Fortbewegung. Das morphologische System aus Muskeln und Sehnen steuert die Bewegung ohne Steuerung durch das Gehirn: »Die Muskeln und Sehnen des menschlichen Beins sind elastisch, so dass das Knie beim Auftreffen des Beins auf den Boden während des Laufens kleine Anpassungsbewegungen ohne neuronale Steuerung ausführt.« (Pfeifer und Bongard 2006, 96)

Alle diese Eigenschaften, insbesondere die »morphologische Berechnung«, sind bei der Konzeption von Robotern in Betracht zu ziehen. Die Agenten müssen ihre Körperform und ihre Umgebung nutzen, um verschiedene Aktionen wie Gehen, Schwimmen, Erkennen von Objekten, Fliegen und Ausweichen vor Hindernissen auszuführen, worauf die Verkörperung den wesentlichen Einfluss hat. Beispielsweise müssen Muskeln und Sehnen beim Laufen ihre Flexibilität und Energiespeicherkapazität nutzen, während Insekten die Bewegungsparallaxe, die beim Fliegen und Ausweichen vor Hindernissen entsteht, durch die Konstruktion ihrer Facettenaugen ausnutzen müssen. Die Fähigkeit, Daten zu minimieren und Korrelationen herzustellen, ist für die Objekterkennung erforderlich. Die Architektur und die Eigenschaften der Hand und der Finger wie die Verformbarkeit der Fingerspitzen und die Flexibilität der Muskeln und Sehnen müssen genutzt werden, um Objekte und die Interaktion mit ihnen zu manipulieren.

Um morphologische Berechnungen zu ermöglichen, ist es wichtig, bei der Konstruktion eines Objekts die Morphologie und die Materialoptionen zu berücksichtigen. Diese Entscheidungen können jedoch die Möglichkeiten des Agenten einschränken. Die Implementierung verschiedener Morphologien und Materialien kann dazu beitragen, dieses Problem zu lösen, indem das Gehirn in die Lage versetzt wird, die Steifigkeit und die Flexibilität der Muskeln an die jeweilige Aufgabe anzupassen. Beispielsweise ist für den Aufprall auf den Boden eine andere Steifigkeit erforderlich als für das Fliegen. Die Agenten können sich an ihre Umgebung anpassen und verschiedene Aufgaben erfüllen, indem sie ihre Morphologie verändern.

Mit Pfeifer und Bongard gibt es also einen Vorstoß in Richtung Materialeigenschaften, die den Körper steuern, ohne dass das Gehirn benötigt wird. Dafür steht der Begriff der *verteilten Intelligenz.* Wie die Autoren schreiben, »hat der Körper seine eigene Dynamik, und die Dynamik des neuronalen Systems muss mit der Dynamik des Körpersystems übereinstimmen« (Pfeifer und Bongard 2006, 362).

4.3 Die Erforschung der morphologischen Berechnung

Auf der Grundlage der Forschungen von Brooks, Pfeifer, Bongard und anderen IngenieurswissenschaftlerInnen wurden mehrere Konferenzen in den Bereichen Biorobotik und Kognitionswissenschaft ins Leben gerufen, um zu einer Vertiefung der Berechnungseigenschaften der Materie zu gelangen. So fand 2007 und 2011 die *International Conference on Morphological Computation* in Venedig statt, gefolgt vom *International Workshop on Soft Robotics and Morphological Computation* in Ascona im Jahr 2013 (Müller und Hoffmann 2017). Die Diskussion konzentrierte sich vor allem auf den Begriff der Kontrolle. Dies ist ein wichtiges Moment, da es die Explorationsmöglichkeiten und das tatsächliche Verhalten eines Roboters bestimmt. Der klassische Begriff der Kontrolle orientiert sich am Gehirn, das die Muskeln steuert. In der Robotik vor dem Übergang zur Verkörperung war die Steuerung eine Aufgabe des Ichs, die unabhängig von der möglichen Hardware war, auf der sie implementiert wurde. Die Steuerung umfasst die Berechnung der Sequenzen und Schritte, die die Parameter festlegen, welche den

Zustand des Agenten bestimmen. In der Einleitung zum Sonderheft der Zeitschrift *Artificial Life* weisen Helmut Hauser, Hidenobu Sumioka, Rudolf M. Füchslin und Rolf Pfeifer darauf hin, dass der Begriff der Steuerung erweitert werden müsse, um »die Eigendynamik des zu steuernden Systems als aktives, sogar rechnerisches Element der Steuerung« einzubeziehen, denn Steuerung impliziert Berechnung. »Die Nutzung der physikalischen oder chemischen Dynamik eines Systems als Teil der für die Steuerung erforderlichen Berechnungen ist das Grundprinzip des Konzepts der morphologischen Berechnung.« (Hauser u.a. 2013, 1)

Der damit verbundene Perspektivenwechsel beruht auf der Vorstellung, dass die Steuerung und Berechnung der notwendigen Daten und Reize nicht von einer Zentrale ausgeht, sondern im Körper selbst verankert ist. Mit anderen Worten: Das Konzept des morphologischen Berechnens »erfordert, dass die physikalische (chemische) Dynamik des Agenten so gestaltet wird, dass die Komplexität der von der Steuerung zu lösenden Aufgabe minimiert wird. Dies wird erreicht, indem Teile der Berechnung an den physischen Körper ausgelagert werden.« (Hauser u.a. 2013, 2) Das beste Beispiel für diese Bedeutung der Steuerung ist die Fortbewegung, nämlich der Flug. Die Eigenschaften der Flügel eines Insekts im Schwebeflug sind entscheidend: Elastizität, Steifigkeit und Verformbarkeit sind wichtig, um bei fehlender Vorwärtsgeschwindigkeit genügend Auftrieb zu erzeugen. Die Form der Flügel selbst ändert sich erheblich, wenn diese sich auf der Bewegungsebene hin- und herbewegen. Die Kontrolle über diese Prozesse liegt vollständig in den Materialien selbst.

Das Ziel besteht also darin, die morphologische Kontrolle zu verstehen und sie durch aktive Nachahmung zu beherrschen. Auf diese Weise wird erstens eine ontologische Veränderung erreicht, die Überwindung des cartesianischen Dualismus zwischen Körper und aktivem Steuerungsprinzip. Der Körper wird »nicht mehr als ein Gerät betrachtet, von dem man annimmt, dass es das Gehirn nur herumträgt, sondern dass es in hohem Maße an den Rechenoperationen beteiligt ist.« (Hauser u.a. 2013, 3) Zweitens drängen die IngenieurwissenschaftlerInnen auf einen »Kompromiss: Der Zugewinn an Effizienz wird dadurch erreicht, dass die strikte Trennung von Hardware und Software – eines der grundlegenden Merkmale der traditionellen Steuerung – aufgegeben wird. Die morphologische Steuerung kann auch eine flexiblere Steuerung als die traditionellen Rechentechniken bieten.« (Füchslin u.a. 2013, 11)

Zusammenfassend lässt sich eine Hierarchie der verschiedenen Formen morphologischer Berechnung aufstellen: »1. Umschalten zwischen Attraktorlandschaften unter Kontrolle eines einfachen Steuersignals. 2. Steuerung der Attraktorlandschaft durch ein einfaches Steuerungssystem. 3. Nachbearbeitung des Zustands eines dynamischen Systems, um ein Berechnungsergebnis zu erhalten.« (Füchslin u.a. 2013, 14)

Das morphologische Berechnen wird als ein Reservoir-Computing betrachtet, bei dem der Körper tatsächlich zum Berechnen verwendet wird (Müller und Hoffmann 2017). Es geht darum, die Eigenschaften des Körpers zu erschließen, um die Umgebung zu erkennen und zu berechnen. Mit den Worten der WissenschaftlerInnen: »Die zugrunde liegende Idee besteht darin, die morphologische Struktur als einen festen nichtlinearen Rechenkern zu betrachten, der uns mit hochdimensionalen Projektionen und nichtlinearen Kombinationen unserer Eingaben versorgt. Daher wird die erforderliche Nichtlinearität (neben der Dynamik) von der morphologischen Struktur selbst bereitgestellt und daher sind lineare Rückkopplungen und Ablesungen ausreichend, um nichtlineare Differentialgleichungen zu emulieren.« (Hauser u.a. 2012, 600)

Ein wichtiger Punkt, auf den ich am Ende des Kapitels zurückkommen werde: Mit diesem Verweis auf den Begriff der Morphologie meinen WissenschaftlerInnen und IngenieurInnen »alle Aspekte eines physikalischen Systems, nicht nur die Form des Agens, die geometrische Kombination der Körperteile, sondern auch seine Materialeigenschaften, wie Reibungskoeffizienten oder Parameter, die die Nachgiebigkeit beschreiben. Außerdem betrachten wir auch die Verteilung von Sensoren und Aktoren als Teil der Morphologie.« (Hauser u. a. 2013, 1)

4.4 Die Grenzen der morphologischen Berechnung: eine Taxonomie

Ist eine Klassifizierung der morphologischen Berechnung überhaupt möglich? Die Wissenschaftler Vincent Müller und Matej Hoffmann haben mit Blick auf diese Frage einige Elemente einer möglichen Taxonomie des morphologischen Berechnens vorgestellt (Müller und Hoffmann 2017). Zunächst beschrieben die beiden Wissenschaftler drei typische Beispiele für morphologische Berechnung: zuerst einen minimalistischen Roboter, der menschlichen Beinen sehr ähnelt und laufen kann. Das Besondere daran ist, dass der Roboter ohne Motor oder elektrische Steuerung läuft. Die mechanische Anordnung und Struktur des Roboters ermöglicht es ihm, Bewegungen auszuführen.

Zweitens geht es darum, wie die Struktur der Organe selbst beeinflusst, was das neuronale System wahrnehmen kann. Beispielsweise haben verschiedene Insektenarten unterschiedliche inhomogene Anordnungen von lichtempfindlichen Zellen in ihren Augen entwickelt, die eine vorteilhafte nichtlineare Umwandlung des Inputs für eine bestimmte Aufgabe ermöglichen, also eine besondere Gewichtung des Inputs aus einer bestimmten Region/Richtung strukturell bedingen.

Drittens wird der Fall diskutiert, in dem die Materie selbst den Roboter ausmacht. Das analysierte Beispiel ist der Aufsatz »Information processing via physical soft body«. Die Autoren des Papers präsentieren ein Proof-of-Concept, in dem ein weicher Körper aus Silikonkautschuk zur Ausführung einer einfachen Informationsverarbeitungsaufgabe verwendet wurde. Die Ergebnisse des Experiments zeigten, dass der weiche Körper in der Lage war, Informationen zu verarbeiten, indem er sich als Reaktion auf externe Stimuli verformte, und dass die resultierenden Verformungen zur Darstellung und Manipulation binärer Daten verwendet werden konnten. Die Autoren kommen zu dem Schluss, dass ihre Ergebnisse das Potenzial der Nutzung weicher Körper für die Informationsverarbeitung aufzeigen und dass dies zur Entwicklung neuer und innovativer Technologien führen könnte (Nakajima u.a. 2015).

Ausgehend von diesen drei Beschreibungen identifizieren Vincent Müller und Matej Hoffmann drei verschiedene Klassen von Phänomenen, die fälschlicherweise unter der allgemeineren Kategorie der morphologischen Berechnung subsumiert werden. Der Minimalroboter, der laufen kann, ist ein Beispiel für die Erleichterung und Ermöglichung der Steuerung durch Morphologien; im zweiten Beispiel (dem der visuellen Struktur) erleichtert und unterstützt die Morphologie die Wahrnehmung. In diesem Fall fördert die Morphologie positive Veränderungen an der Schnittstelle zwischen physikalischen Einheiten und der Darstellung des Agenten im Gehirn. Hier spielt die Morphologie zwar eine wichtige Rolle, aber nicht als Reservoir-Computing, sondern als Träger bestimmter physikalisch-chemischer und mechanischer Eigenschaften (z.B. von mechanischen Eigenschaften, die die Fortbewegung ermöglichen).

Die möglichen Interaktionen zwischen Organismen oder Akteuren und ihrer Umwelt können durch die aktive und unmittelbare Reaktion der Materialien zu weiteren positiven Veränderungen in der Dezentralisierung der Steuerung eines Körpers führen. In der Tat können wir im dritten Beispiel von echtem morphologischem Computing sprechen. Müller und Hoffmann schreiben: »Mit Hilfe des Reservoir Computing Frameworks kann gezeigt werden, dass Systeme, die dem menschlichen oder tierischen Körper ähneln, interessante Fähigkeiten besitzen, um vorteilhafte – und recht allgemeine – raum-zeitliche Transformationen eingehender Zeitreihen durchzuführen. Darüber hinaus sind sie in der Lage, eine breite Klasse dynamischer Systeme autonom zu emulieren. Da dies für mehrere Systeme (Massen und Federn, Tintenfischarm) gezeigt wurde, sind wir der Ansicht, dass es sich hierbei um Demonstrationen echter Berechnungen handelt, die von einer menschenähnlichen Morphologie durchgeführt werden können.« (Müller und Hoffmann 2017, 18) Mit anderen Worten: Um den Mechanismus und die Praktiken der morphologischen Berechnung zu verstehen, sollte man nicht die Frage nach einer möglichen »Auslagerung« der Berechnungsprozesse des Gehirns auf den Körper stellen, sondern muss fragen, »inwieweit der Körper Kognition und Kontrolle ermöglicht« (Müller und Hoffmann 2017, 1).

Aus dieser Analyse ergeben sich drei Fragen: Da ein tierischer Körper auch aus weichen Materialien besteht – gibt es eine entsprechende Differenzierung zu weichen Körpern in der Biorobotik? Was bedeutet Reservoir Computing und, allgemeiner, welche Art von Reservoir stellt die morphologische Berechnung vor? Und, um auf meine Hauptthese zurückzukommen, welche Eigenschaften hat die Materie bei der Übersetzung des Biologischen ins Technische?

4.5 Weiche und harte Robotik: ein neuer Weg für die Konstruktion von Robotern

Einer der wichtigsten Entwicklungsbereiche in der Robotik ist die Unterscheidung zwischen weicher und harter Robotik (Mazzolai u. a. 2022; Majidi 2019; Legrand u. a. 2023; Xiloyannis u. a. 2021; S. Kim, Laschi und Trimmer 2013; Appiah u. a. 2019). Diese Unterteilung basiert auf den Materialien, die für den Bau von Robotern und ihren Komponenten verwendet werden: In der harten Robotik werden starre Materialien wie Metalle und Kunststoffe eingesetzt, während die weiche Robotik sich weicher, flexibler Materialien wie Silikon und anderer Polymere bedient. Einer der Hauptvorteile der Soft-Robotik ist ihre Fähigkeit zur Veränderung von Formen. Dadurch eignet sie sich für Aufgaben, die Flexibilität und Anpassungsfähigkeit erfordern wie z. B. die Erkundung schwer zugänglicher Umgebungen oder die Interaktion mit empfindlichen Objekten. Die Verwendung weicher Materialien macht den Einsatz von Softrobotern auch sicherer, weil sie bei einem Zusammenstoß oder Unfall weit seltener Schäden oder Verletzungen verursachen. Außerdem können weiche Roboter energieeffizienter sein als ihre starren Gegenstücke, da sie sich mit weniger Kraftaufwand verformen und bewegen können. Die Flexibilität von weichen Robotern kann aber auch ein Nachteil sein.

Obwohl sie sich an eine Vielzahl von Umgebungen und Aufgaben anpassen können, sind weiche Roboter möglicherweise nicht so genau und zuverlässig wie starre Roboter. Die weichen Materialien, aus denen diese Roboter hergestellt werden, können sich abnutzen, und ihre wechselnde Beschaffenheit kann es schwierig machen, ihre Bewegungen genau zu steuern. Dadurch sind sie für Aufgaben, die ein hohes Maß an Präzision oder Wiederholbarkeit erfordern, weniger geeignet. Demgegenüber eignen sich starre Roboter durch ihre in der Regel starren Materialbeschaffenheiten besser für diese Aufgaben, die Kraft und Präzision erfordern, z.B. das Heben schwerer Gegenstände oder die Ausführung exakter Bewegungen. Starre Roboter können auch so konstruiert werden, dass sie rauen Umgebungen und extremen Temperaturen oder dem Kontakt mit gefährlichen Materialien und Substanzen standhalten. Außerdem sind sie üblicherweise einfacher zu steuern und zu programmieren als weiche Roboter, weil ihre Bewegungen vorhersehbarer und präziser sind.

Die Starrheit harter Roboter kann jedoch auch eine Einschränkung darstellen. So eignen sie sich möglicherweise nicht für Aufgaben, die Flexibilität oder Anpassungsfähigkeit erfordern, und ihre starren Materialien können die Arbeit mit ihnen weniger sicher machen als jene mit weichen Robotern. Außerdem können harte Roboter energieintensiver sein als weiche Roboter, da sie oft mehr Kraft für ihre Bewegung und ihren Betrieb benötigen. Die Einsatzmöglichkeiten von Soft- und Hard-Robotern sind vielfältig, wobei jede Art von Robotern für bestimmte Aufgaben besser geeignet ist als die jeweils andere. Softroboter werden häufig in der Medizin eingesetzt, z.B. bei minimalinvasiven Eingriffen oder als Prothesen, da sie durch ihre Flexibilität und Anpassungsfähigkeit bequemer und sicherer für die PatientInnen sind. Sie werden auch in der Industrie eingesetzt, um z.B. mit empfindlichen Gegenständen umzugehen oder um in engen Räumen zu navigieren. Starre Roboter hingegen werden häufig in der Fertigung und im Baugewerbe eingesetzt, wo ihre Stärke und Präzision für Aufgaben wie das Schweißen oder die Montage erforderlich sind. Verwendung finden sie auch in der Weltraumforschung, wo ihre Fähigkeit, rauen Umgebungen zu widerstehen, sie ideal für die Erkundung anderer Planeten und Monde macht.

Sangbae Kim, Cecilia Laschi und Barry Trimmer halten fest:

> »Der Einsatz weicher Technologien kann die mechanische und algorithmische Komplexität bei der Roboterentwicklung verringern. Der Einsatz weicher Technologien wird auch die Entwicklung von Robotern beschleunigen, die sicher mit Menschen und der natürlichen Umgebung interagieren können. Schließlich kann die Soft-Robotik-Technologie mit Tissue Engineering kombiniert werden, um hybride Systeme für medizinische Anwendungen zu schaffen.« (S. Kim, Laschi, und Trimmer 2013, 287)

Zwei wichtige Beispiele für weiche Robotik sind Roboter, die auf der Morphologie von Kopffüßern und dem Phänomen des Wachstums basieren. Kraken und Tintenfische können ihre Form verändern und verschiedene Objekte greifen. Die verschiedenen Muskelgruppen in den Armen des Tintenfisches ermöglichen eine Vielzahl von Bewegungen wie Verkürzung, Streckung, Biegung und Verdrehung. Da die Muskeln in der Lage sind, ein konstantes Volumen beizubehalten, kann der Krake Verschiebungen und Kräfte besser steuern. Indem sie die Freiheitsgrade mit stereotypen Bewegungen, d.h. Bewegungen, die mehrmals wiederholt werden, einschränken, können Kraken die Steuerung erleichtern. In der von Kraken inspirierten Robotik werden weiche Manipulatoren wie z.B. pneumatische Muskeln für die Beweglichkeit der Gliedmaßen eingesetzt. Durch sorgfältige Planung von Größe, Dicke und Form der implantierten Kanäle, die mit Flüssigkeit oder Luft aufgepumpt werden können, lassen sich verschiedene Gangarten erzeugen. Komplexe pneumatische Netzwerke, die komplizierte Bewegungen ausführen können, können durch die Entwicklung geeigneter Pumpen, Ventile und Energiequellen hergestellt werden.

Das zweite Beispiel ist das Phänomen des Wachstums als Mittel der Bewegung. Pflanzen bewegen sich durch Wachstum. Das natürliche Wachstum kann durch additive Fertigung nachgeahmt werden, bei der Material Schicht für Schicht hinzugefügt wird. Barbara Mazzolai und KollegInnen haben dafür eine Technik verwendet, die dem Fusion Deposition Modeling (FDM) ähnelt, um Poly(milchsäure) (PLA), ein synthetisches Polymer, in einer pflanzenähnlichen Roboterwurzel abzuscheiden und das System durch unterschiedliche Ablagerung von Fäden auf einer Seite zu steuern. Wachsende Roboter können ihre Morphologie auf der Grundlage von externem Feedback oder Umweltbegrenzungen anpassen, indem sie weiche Materialien verwenden, die Nachgiebigkeit, strukturelle Merkmale und sensorische Eigenschaften bieten. Von Pflanzen inspirierte Roboter zeigen alternative Möglichkeiten der adaptiven Verkörperung in Form von wachsenden Robotern oder »Growbots« (Sadeghi u.a. 2020; Del Dottore u.a. 2019; Frazier u.a. 2020; Gallentine u.a. 2020; Laschi und Mazzolai 2021; J. Lee und Calvo 2022; Mazzolai u.a. 2020), d.h. Systemen, die sich durch Verlängerung oder Vergrößerung der Oberfläche ihrer Körper bewegen. Die Materialien sollten ähnliche oder bessere mechanische Reaktionen aufweisen als ihre natürlichen Vorbilder und intelligente Leistungen bei der Wahrnehmung und Reaktion auf äußere Reize zeigen. In diesen integrierten »lebenden« Systemen sind Intelligenz, Gedächtnis, Lernen, Verhalten und Körperstruktur miteinander verwoben und ergeben sich aus der multiskaligen Dynamik desselben robusten und hochgradig fehlertoleranten Mediums (Shah u.a. 2021).

Ein wichtiges Merkmal der Soft-Robotik ist also die sorgfältige Auswahl und Verwendung von Materialien für die Konstruktion eines Roboters. In diesem Fall werden verschiedene 3D- und 4D-Drucktechniken eingesetzt. Wie ein Team unter der Leitung von Shlomo Magdassi bemerkt hat, gibt es zwei Herausforderungen für die additive Fertigung und die Robotik: Materialien zu finden, die hervorragende Leistungseigenschaften haben, und in der Lage zu sein, einen Roboter zu drucken. Im ersten Problemkreis geht es um die Suche nach und den Einbau von Materialien, die flexibel sind und auch nach mehreren Änderungen noch die Ausgangsform annehmen oder sich selbst reparieren können (Sachyani Keneth u. a. 2021).

Ein Beispiel dafür sind Diels-Alder-Polymere, die für den Bau typischer flexibler fuldischer Aktoren (FFA) verwendet werden, ein gängiger Ansatz in diesem Bereich. FFA bestehen aus maßgeschneiderten Verformungskammern, die unter dem Druck von Flüssigkeiten stehen und deren bevorzugte Verformungsarten und -richtung bei der Konstruktion festgelegt werden. Aufgrund der weichen Materialien, aus denen sie gebaut sind, und der Belastung durch den Druck können sie leicht beschädigt werden, z. B. durch Einstiche, Schnitte oder kleine Ausbrüche. Wenn sie mit selbstheilenden Materialien gebaut werden, sind sie in der Lage, ihre mechanischen Eigenschaften in dem Maße wiederherzustellen, wie es für eine ordnungsgemäße Funktion erforderlich ist. Diels-Alder-Polymere bezeichnen verschiedene Klassen von Polymeren, die in der Regel in katalysatorfreien Reaktionen entstehen. Bei Raumtemperatur werden Schäden so ohne äußeres Zutun innerhalb von dreißig Sekunden bis zu einer Woche behoben, je nach Größe des Schadens (Sachyani Keneth u. a. 2021).

Zusammenfassend lässt sich sagen, dass Roboter, die mithilfe der Soft-Robotik entwickelt werden, drei grundlegende Komponenten enthalten sollten: 1. einen Aktuator – eine motorlose Komponente, die den wichtigsten Teil des Geräts bildet und für die Ausführung der Bewegung verantwortlich ist; 2. einen Sensor, der Informationen über die Position des Aktuators und den Druck, der beim Kontakt mit einer Oberfläche entsteht, liefern kann; 3. ein Steuerungssystem, das die von den Sensoren generierten Informationen nutzt, um die dynamische Leistung genau zu regulieren und zu verbessern.

Im Fall der Soft-Robotik ist also das Material selbst von zentraler Bedeutung, da es, wie im vorherigen Abschnitt gezeigt, eine Reihe verschiedener Funktionen ermöglicht. Die aktuellen Lücken und Herausforderungen der Robotik lassen sich als ihr Bedarf an multifunktionalen Materialien zusammenfassen, die Sensor- und Antriebsfunktionen auf kontrollierbare und programmierbare Weise integrieren und mit Fertigungstechniken gekoppelt sind, welche mit dem bisherigen Fertigungsmaßstab kompatibel sind.

4.6 Aktive Materie und Robotik

Im Mittelpunkt der Soft-Biorobotik steht also die Plastizität und Qualität des Materials, aus dem ein Roboter besteht. Wie Vincent Müller und Matej Hoffmann richtig dargelegt haben, ist die Materialität mit ihrer Dynamik auf verschiedenen Ebenen mitverantwortlich für die Handlung und die Beziehung zwischen Automaten und Umwelt. Die Betonung dieses Zusammenhangs markiert einen tiefgreifenden Bruch mit dem philosophischen und theoretischen Rahmen der starren bioinspirierten Robotik. Erstens vollzieht sich eine tiefgreifende Abkehr vom mechanistisch-kartesischen Paradigma, dem ein Dualismus zwischen Denken und erweiterter Substanz zugrunde liegt. Unter Bezugnahme auf James J. Gibsons ökologische Psychologie kritisieren Rodney Brooks und KollegInnen ausdrücklich Descartes dafür, dass er die Bedeutung des Denkens (und Handelns) ohne Körper, d.h. ohne Materie mit all ihren Zwängen, befürwortet habe – und tatsächlich ist Descartes' *ego cogito* (ich denke) frei von Materialität. Mit den Worten von Davide Zambrano, Matteo Cianchetti und Cecilia Laschi: »Wenn das gängige Paradigma für die Konstruktion von Robotern die Mechatronik ist, bei der

Mechanismen, Elektronik, Steuerung, Sensoren und Stromversorgung als Hauptkomponenten des Systems betrachtet und integriert entworfen werden, hat die morphologische Berechnung das Potenzial, ein neues Paradigma zu etablieren, bei dem die Steuerung an erster Stelle steht und die Mechanismen und Sensoren mit der richtigen Morphologie und den richtigen mechanischen Eigenschaften entworfen werden, um Bewegungen mit weniger Steuerungsparametern zu erreichen.« (Zambrano, Cianchetti und Laschi 2014, 218)

Der mechatronische oder mechanistische Ansatz basiert auf der Vorstellung, dass der physische Körper ein komplexes System von Kräften ist, das jedoch zentral gesteuert wird und leicht programmierbar ist. Indem sie die Rolle der Materie und der komplexen Morphologien, die diese bevölkern, betonen, konzentrieren sich die WissenschaftlerInnen stattdessen auf ein organisches Konzept des Organismus. Wie wir gesehen haben, spielen die Strukturen und das Design von Organismen und ihrer Umgebung eine entscheidende Rolle für ihre Fähigkeit, Aufgaben zu erfüllen, sich weiterzuentwickeln und sich an veränderte Bedingungen anzupassen. Die Hinwendung zur Soft-Robotik macht deutlich, dass das Design eines Organismus, einschließlich seiner Morphologie und Materialeigenschaften, bei der Analyse von Evolutionsprozessen und der Entwicklung von Arten berücksichtigt werden muss.

Zweitens verlagert sich der Schwerpunkt auf die Akzeptanz einer Theorie der verkörperten Kognition, die den Geist und die Aktivität des Organismus als bloße symbolische Repräsentation der Außenwelt – losgelöst von den Vorgängen im Körper – ablehnt. Ganz im Gegenteil, der »Körper ist kein bloßes Vehikel, sondern der eigentliche Ort des Subjekts, die Quelle und das Medium seiner Beziehung zur Welt« (Fuchs 2020a, 2). Daraus ergibt sich die zentrale Bedeutung des gesamten Organismus und der Eigenschaften seines Körpers für die Interaktion mit der realen Welt, um diese wahrzunehmen und in ihr zu handeln. Das ist die Konsequenz einer verkörperten Wissenstheorie – das Geist-Körper-Problem muss neu formuliert werden. Es geht dabei nicht mehr um die Frage, wie der Geist mit dem Gehirn zusammenhängt, sondern darum, welchen Zusammenhang der gelebte oder subjektive Körper auf der einen Seite mit dem lebenden oder objektiven Körper auf der anderen Seite bildet; kurz gesagt, wird das Geist-Körper-Problem zum »Körper-Körper-Problem« (Fuchs 2020a; 2017).

Gemeint ist damit, dass das philosophische Problem nicht mehr darin besteht, wie sich das Gehirn zum Körper verhält (kartesischer Dualismus), sondern wie sich ein komplexer Körper, der unsere kognitiven Fähigkeiten mitkonstituiert, zu anderen Körpern verhält. In diesem Fall geht es um die Beziehung zwischen dem lebenden Körper (Leib) und dem Körper, der das Objekt der möglichen Wahrnehmung ist (Körper). Diese Unterscheidung ist charakteristisch für die phänomenologische Tradition. Sie bedeutet, dass der Körper in der Erfahrung auf zwei Arten offenbart oder konstituiert werden kann – als materielles Ding (Körper) und als lebendiges Subjekt der Erfahrung oder gelebter Körper (Leib). Dies stellt jedoch keine erneute Darstellung des Dualismus dar, sondern bedeutet die Akzeptanz einer neuen ontologischen Synthese, die jedoch durch eine erkenntnistheoretische Perspektive gegeben ist.

Drittens wurde die Praxis des Baus weicher Bioroboter durch eine Verschiebung der allgemeineren heuristischen und metaphysischen Prinzipien ermöglicht, die die biotechnologische Forschung begleiten. Die Biorobotik, die sich aus der Hinwendung zur Verkörperung ableitet, stellt nicht länger die Frage, ob Organismen in gewisser Weise als Maschinen betrachtet werden sollten (vgl. Nicholson 2014; Nicholson und Gawne 2015;

Esposito 2016; Tamborini 2022b; Baedke 2019). Die gesamte Biologie der ersten Hälfte des 20. Jahrhunderts war damit beschäftigt, eine mögliche Analogie zwischen Maschine und Organismus zu verneinen oder zu bejahen. Im Gegensatz dazu geht es bei der zentralen metaphysischen Frage, die dieser biotechnischen Ansicht der Natur zugrunde liegt, um die genaue Umkehrung des früheren Ansatzes. Die Frage ist nicht mehr, ob Organismen Maschinen seien, sondern ob Maschinen Organismen seien. Der französische Philosoph Georges Canguilhem (1904–1995) hat in seiner berühmten Schrift *Maschine und Organismus* diesen Wandel als Hauptgrund für das neue biotechnologische Forschungsprogramm der Biologie des 20. Jahrhunderts festgestellt. Er fasst diesen Wandel mit folgendem Satz zusammen: Wir müssen die Technik »als universelles biologisches Phänomen ansehen, und nicht nur als intellektuelles Unternehmen des Menschen [...]«. Und »als Folge davon«, schreibt Canguilhem, »können wir das Mechanische in das Organische einschreiben« (Canguilhem 2007, 206). »Selbstverständlich«, fährt er fort, »lautet die Frage nun nicht mehr, inwiefern der Organismus als Maschine betrachtet werden kann oder muss, sei es im Hinblick auf seine Struktur oder seine Funktionen« (Canguilhem 2007, 206).

Viertens impliziert die Ablehnung des kartesianischen Begriffs der denkenden Substanz und des Dualismus zwischen Körper und Kognition einen neuen Begriff von Materie (d.h. Körper), der die Klassifizierung von Materie als tot, passiv und unbelebt vermeidet: »Anstelle der trägen, harten und passiven Teile, die traditionell in der Robotik verwendet werden, zeigen aktive Materieansätze, wie die Materialität des Systems selbst komplexe Leistungen erbringen kann, die eine übergeordnete oder zentralisierte Kontrolle überflüssig machen.« (Harrison, Rorot und Laukaityte 2022, 7). Gilbert Simondon (1924–1989), ein Philosoph, der bei Canguilhem studiert hat, vertrat die Ansicht, dass die Vorstellung, technische Objekte und Maschinen seien von der Kultur und den Menschen getrennt, ein Irrtum ist, der auf Unwissenheit und Ressentiments beruhe. Simondon zufolge hat die Philosophie die wahre Natur der technischen Objekte nicht vollständig erfasst, und es liegt in der Verantwortung der Philosophie, das Konzept der Maschinen und technischen Objekte zu einer prominenteren Position in ihrem Diskurs zu erheben. Simondon kritisierte die Theorie des Hylemorphismus, die besagt, dass alle Individuationsprozesse ein Zusammenspiel von Materie und Form darstellten. Den Dualismus zwischen Form und Materie, der dieser Theorie zugrunde liegt und der seiner Meinung nach die Begriffe selbst individualisiert, lehnte er ab. Er argumentierte, dass diese Unterscheidung falsch sei, weil sie davon ausgehe, dass die Materie ein unbestimmtes, passives Prinzip ist, das einer aktiven Form bedürfe, um zu einem Wesen zu gelangen, während die Form substanziell und bestimmend sei. Simondon vertrat die Ansicht, dass die Materie nicht passiv und unbestimmt sei, sondern ihre eigene Aktivität, Plastizität und Dynamik besitze, was etwa bei der Herstellung eines Lehmziegels deutlich wird. Bei diesem Prozess formt der Arbeiter nicht einfach nur den Ton, sondern er bereitet Ton und Form so vor, dass sie zusammengebracht werden können und ein System aus Form und gepresstem Ton entsteht. Dieser Prozess der Materialisierung und Individualisierung führt zur Schaffung eines technischen Objekts, das nach Simondons Ansicht eine Naturalisierung der Technik und eine Technisierung der Natur darstellt (Del Fabbro 2021).

Simondon zufolge ist die Unterscheidung zwischen Natur und Technik falsch, weil die natürliche Morphogenese der technischen Morphogenese gleichwertig ist. Er argumentierte, dass das Wesen der technischen Objekte nicht in der Trennung zwischen Form und Materie liege, sondern in der Beziehung zwischen ihnen.

Diese Herangehensweise an die Materie zeigt sich in der Entwicklung von intelligenten materiellen Objekten, die mit der Umgebung interagieren, Informationen aufnehmen und auf der Grundlage von Erkenntnissen aus vergangenen Ereignissen selbsttätig handeln. Diese werden mithilfe von 3D-Druckern entwickelt und in die Konstruktion des Roboters integriert. In diesem Fall sind Material und Form, Bewegung und Intelligenz miteinander verknüpft.

4.7 Die Frage nach der Übersetzbarkeit

Was können uns diese Entwicklungen und neuen Konzepte zum einen über meine allgemeinere These zur Biorobotik und zum anderen über die Robotik als Übersetzungspraxis sagen? Durch den Einsatz intelligenter und multifunktionaler Materialien (Gele, Elastomere, biologische Materialien usw.) und eines Körpers, der mit der äußeren Umgebung in Beziehung steht, neigt die Soft-Robotik dazu, das, was in der organischen Welt organisch zusammengesetzt ist, in einen technischen Kontext zu übersetzen. Diese Übersetzung macht das sensomotorische Verhalten von Softrobotern effizienter, wenn es darum geht, auf dynamische Veränderungen zu reagieren – wie dies bei lebenden Organismen der Fall ist. Die so geschaffenen Roboter können dann für verschiedene wissenschaftliche oder technowissenschaftliche Zwecke eingesetzt werden. Mit anderen Worten: Mit dem Übersetzungsprozess wird versucht, über den Geist-Körper-Dualismus hinauszugehen und zu verstehen, wie der Körper selbst eine Rolle bei der Kognition spielt.

Das klassische Beispiel für diesen Übersetzungsprozess ist die Übertragung der Eigenschaften der Pflanzenintelligenz auf die Biorobotik. Die Natur hat verkörperte intelligente Systeme entwickelt und mit verschiedenen Pflanzen ein Maximum an Leistung erreicht. Pflanzen wurden daher als Inspirationsquelle für die Nachahmung von Bewegungsabläufen in Funktionsmaterialien genutzt. Wie wir im vorherigen Abschnitt gesehen haben, bewegen sich Pflanzen durch Wachstum und Reaktion auf Reize. Auf diese Weise sind sie in der Lage, die Umwelt optimal zu nutzen und wahrzunehmen. Für jeden Stimulus gibt es entsprechende Pflanzenbewegungen oder Tropismen (vom altgriechisch τροπή tropé, »Wendung«): zum Beispiel Gravitropismus (Reaktion auf Schwerkraft), Hydrotropismus (auf Wasser), Chemotropismus (auf Nährstoffe und Salze), Tigmotropismus (auf mechanische Stimulation) und Magnetotropismus (Reaktion auf Magnetfelder).

Bei der technischen Umsetzung dieser pflanzlichen Eigenschaften wurde der PLANTOID-Roboter entwickelt (Dottore und Mazzolai 2023; Sadeghi u.a. 2016; Mazzolai und Salvini 2018). Dieser Roboter hat weiche, flexible Wurzeln, die sich wie natürliche Wurzeln biegen und bewegen können, damit er seine Umgebung wahrnehmen und auf sie reagieren kann. Die Roboterspitzen haben vier verschiedene Sensoren, die Berührung, Feuchtigkeit, Schwerkraft und Temperatur zu erkennen in der Lage sind. Der Roboter kann zur Überwachung des Bodens und zur Erkundung der Umwelt in Bereichen wie der Landwirtschaft eingesetzt werden.

In einer weiteren Arbeit untersuchten Emanuela Del Dottore und Barbara Mazzolai, wie Kletterpflanzen Stützstrukturen finden. Darin sahen sie sich genauer an, wie die Pflanzen auf verschiedene Umweltbegrenzungen reagieren und wie Verhaltensweisen auf hoher Ebene, d.h. die Lokalisierung der Unterstützungsstruktur, bei Kletterpflanzen durch die Interaktion von Verhaltensweisen auf niedriger Ebene, d.h. Tropismen, die durch Umweltreize aktiviert werden, entstehen. Licht beeinflusst die Reaktion der Pflanzen, da sie sowohl von Licht (positiver Phototropismus) als auch von Schatten (Skototropismus) angezogen werden. Hier stellten die Wissenschaftlerinnen die Hypothese auf, dass Kletterpflanzen einen Kompromiss zwischen Schattenvermeidung und Anziehung finden müssen, um sich zu lokalisieren. Um dies zu überprüfen, verwendeten sie eine von Pflanzen inspirierte Roboterplattform, die mithilfe von Lichtsensoren auf Lichtreize reagierte. Basierend auf dieser Analyse konnten die beiden Wissenschaftlerinnen die Fähigkeit des Roboters verbessern, Umgebungen zu erkunden und zu kartieren (Dottore und Mazzolai 2023). In all diesen Fällen wurden die Verhaltensweisen der Pflanzen in Lösungen für bioinspirierte Robotersteuerungen übersetzt, wodurch die Abgrenzung zwischen Materie und Intelligenz aufgehoben wurde.

Gezielt wird damit allerdings keineswegs auf eine Ausdünnung der ontologischen Merkmale (und spezifischen Unterschiede) zwischen Pflanzen und allgemein Organismen und Robotern. Vielmehr geht es um eine Neuformulierung in Bezug auf die Erkenntnistheorie und die Zugänglichkeit. Wie bereits festgestellt wurde, »besteht die Kluft nicht mehr zwischen zwei radikal unterschiedlichen Ontologien (geistig und körperlich), sondern zwischen zwei Typen innerhalb einer Typologie der Verkörperung«. Und zweitens »ist die Kluft nicht mehr absolut, denn um sie zu formulieren, müssen wir einen gemeinsamen Bezug zum Leben oder zum Lebewesen herstellen« (Thompson 2005, 237). Der gemeinsame Bezug zum Leben ist es, der es ermöglicht, einige Eigenschaften von lebenden Organismen auf weiche Roboter zu übertragen.

Auf einer allgemeineren Ebene betont mein Ansatz gerade die Hinwendung der Robotik zu einem ganzheitlichen Verständnis und Bau von Robotern, so wie die Natur neue Formen und Organismen hervorbringt. Es geht darum, die Praxis der Robotik nicht als bloße Aneignung von Teilen der Natur zu sehen, die als individuelle Atome betrachtet werden, sondern die Roboter ganzheitlich zu entwickeln. Auf diese Weise wird dem Begriff der verteilten Intelligenz und den materiellen Qualitäten in kognitiven Prozessen Bedeutung beigemessen oder wie gelegentlich festgestellt wurde: »Im Einklang mit einer weichen und verkörperten Perspektive weist die Forschung im Bereich der pflanzlichen Intelligenz auf die verteilte Natur der Kontrolle und Verarbeitung hin, bei der die adaptive Verantwortung zwischen internen Signalkanälen, den materiellen Eigenschaften der (weichen) Organe und der Dynamik der Interaktionen zwischen Körper und Umgebung geteilt wird.« (J. Lee und Calvo 2022, 2)

Die Konzentration auf die morphologische Berechnung (und damit auf die Materie in der neueren weichen Biorobotik) führt zu einem anderen Verständnis des Begriffs der Kontrolle. Wenn wir die Vorstellung einer zentralen Software-Steuerung beiseitelassen, die völlig losgelöst von dem Körper ist, über den sie Macht hat, kommen wir über die Unterscheidung zwischen Steuerungselementen und dem, was sie steuern, hinaus.

4.8 Die Metapher der Orchestrierung in der Soft-Robotik

Durch die Fokussierung auf die Bedeutung von verteilter Intelligenz und der materiellen Eigenschaften bei kognitiven Prozessen stellt die Soft-Robotik den traditionellen Geist-Körper-Dualismus infrage und betont die Rolle des Körpers bei der Kognition. Dieser ganzheitliche Ansatz, der bei der Entwicklung von Soft-Robotern verfolgt wird, steht im Einklang mit den natürlichen Schöpfungsprozessen, bei denen neue Formen und Organismen jeweils durch das Ganze und nicht nur durch die Summe seiner Teile entstehen. Die Soft-Robotik hebt auch die Bedeutung der morphologischen Berechnung hervor, die sich auf die Art und Weise bezieht, wie die physische Form und die Eigenschaften des Körpers eines Roboters zu seiner Steuerung und seinem Verhalten beitragen, statt sich ausschließlich auf ein zentrales Software-Steuerungssystem zu verlassen. Anstatt uns lediglich Teile der Natur anzueignen, müssen wir Roboter *ganzheitlich* entwickeln und dabei die verteilte Intelligenz und die materiellen Eigenschaften bei kognitiven Prozessen betonen. Die Forschung im Bereich der Soft-Biorobotik hebt die verteilte Natur der Steuerung und Verarbeitung hervor, bei der die Verantwortung für die Anpassung zwischen internen Signalkanälen, den materiellen Eigenschaften der Organe und der Dynamik der Interaktionen zwischen Körper und Umgebung aufgeteilt wird (J. Lee und Calvo 2022, 2).

Die Konzentration auf die morphologische Berechnung in der jüngsten Soft-Biorobotik-Forschung führt zu einem neuen Verständnis von Steuerung. Anstatt uns auf eine zentrale Softwaresteuerung zu verlassen, überwinden wir die Unterscheidung zwischen Controllern und dem, was sie kontrollieren – eine Herausforderung für die klassische Kontrolltheorie. Das Konzept der Orchestrierung, mit dem sich die dezentrale und verteilte Steuerung von Softrobotern beschreiben lässt, stellt jedoch eine Herausforderung für die klassische Steuerungstheorie dar, die von einem zentralisierten und von dem jeweils zu Steuernden losgelösten Steuerungssystem ausgeht. Die Orchestrierung eines Softroboters ist dem Dirigieren eines Orchesters vergleichbar, bei dem die verschiedenen Teile des Roboters wie einzelne MusikerInnen agieren, die von dem/der DirigentIn geleitet werden. Auf diese Weise können die Körperteile des Roboters, einschließlich der Sensoren und Aktuatoren, autonom arbeiten und auf koordinierte Weise auf Veränderungen in der Umgebung reagieren. Die Orchestrierung betont auch die organische und strukturelle Integration der Roboterkomponenten, um sicherzustellen, dass diese als komplexes und dynamisches System zusammenarbeiten. Die biorobotische Übersetzung ist eine gute Übersetzung (in dem im vorigen Kapitel erläuterten Sinne), wenn sie es mir ermöglicht, die in meinem Ausgangsobjekt vorhandenen Aspekte der Orchestrierung durch den Einsatz meines Roboters zu erfassen.

Insgesamt bieten diese jüngsten Entwicklungen in der Soft-Robotik und das Konzept der Orchestrierung wertvolle Einblicke in die Übersetzung von biologischer und verkörperter Intelligenz in technische und biorobotische Kontexte. Durch einen ganzheitlichen Ansatz, der die verteilte Intelligenz, die Materialeigenschaften und die morphologische Berechnung betont, stellt die Soft-Robotik die traditionellen Auffassungen von Kontrolle und Kognition infrage und bietet neue Möglichkeiten bei der Entwicklung effizienter und adaptiver Roboter für verschiedene Anwendungen. Die Untersuchung der Handlungsfähigkeit von bioinspirierten komplexen Objekten wie Soft-Robotern veranlasst uns dazu, mögliche organische Interaktionen mit uns selbst zu erforschen, was das Thema des nächsten Kapitels sein wird.

5. Biohybride Organismen: die Grammatik einer Lebensform

Wie den vorangegangenen Kapiteln zu entnehmen war, hat sich unsere Aufmerksamkeit von der Untersuchung der Grammatik technowissenschaftlicher Praktiken zur Untersuchung der Übersetzbarkeit einer Sprache (der Biologie) in eine andere (die der Technologie) verlagert. Dieser Ansatz führte zur Entwicklung von bioinspirierten Robotern, d.h. von Objekten, die über eine spezifische Grammatik verfügen, welche bestimmte Aktionen und Leistungen ermöglicht. So dient sie zum Beispiel dazu, die Eigenschaften der Fortbewegung zu untersuchen, und WissenschaftlerInnen können diese Roboter in Experimenten einsetzen, die darauf abzielen, entweder die Interaktionen zwischen Robotern und Tieren zu untersuchen oder die Eigenschaften von Tieren als Ausgangspunkt zu nehmen.

In dieser Übersetzungspraxis werden auch biohybride Systeme geschaffen. Biohybride Roboter bestehen aus mindestens einer biologischen und einer künstlichen Komponente, die lebende Organismen nicht nur imitieren, sondern auch ähnliche Grundprinzipien mit ihnen teilen. Im Laufe der Zeit wurden diese biohybriden Systeme in verschiedenen Formen produziert, visualisiert und populär gemacht.

Der Begriff »Hybrid« bezieht sich im Allgemeinen auf die Kombination von zwei oder mehr unterschiedlichen Entitäten, die zu einer neuen Entität mit Merkmalen der beiden ursprünglichen Entitäten führt. In der Biologie zum Beispiel entsteht ein Hybrid durch die Kreuzung zweier verschiedener Tier- oder Pflanzenarten oder -gattungen. Das Konzept des Hybriden im Zusammenhang mit biohybriden Robotern bedeutet jedoch nicht einfach eine Zusammenfügung zweier autonomer Objekte. Vielmehr handelt es sich um ein unabhängiges und originäres ontologisches und technologisches Objekt, das seine eigene, einzigartige Grammatik und Lebensform besitzt.

In diesem Kapitel werde ich mich mit dem Begriff der biohybriden Roboter (auch bekannt als biohybride Systeme) befassen und die Grammatik dieser Praxis und die ihr zugrunde liegenden Lebensformen untersuchen. Auf diese Weise will ich versuchen, ein umfassendes Verständnis des Konzepts des Hybriden und seiner Bedeutung zu vermitteln.

Meine Analyse wird zeigen, dass es bei der Schaffung von biohybriden Systemen um eine Übung der Übersetzung und der internen Komposition geht. Auf diese Weise entsteht eine neue Mischsprache, die auf einer Ontologie des Prozesses basiert. Durch die Komposition verschiedener Sprachen entsteht eine neue Ganzzahl, mit der zwei wichtige Dichotomien hinsichtlich der Rolle von Robotern überwunden werden können.

Die erste Dichotomie besteht in einer naiven Perspektive, die nicht versteht, dass Roboter keineswegs nur Werkzeuge sind, sondern auch unbeabsichtigte Folgen haben und durch Erfahrung, Sprache, soziale Beziehungen, Erzählungen und andere Faktoren mit dem Menschen verbunden sind. Die zweite Dichotomie rührt aus der Konzentration auf die Andersartigkeit und soziokulturelle Konstruktion von Robotern, die dazu führen kann, dass ihr Ursprung in menschlichen und materiellen Praktiken ignoriert wird (Coeckelbergh 2022).

Indem es der Kategorie der biohybriden Roboter Stabilität und Autonomie verleiht, legt dieses Kapitel außerdem den

Grundstein für die abschließende Diskussion in diesem Buch. Im folgenden Kapitel werden wir dann einige Aspekte der Ethik, der Emotionen und des Menschenbildes in der techno-kognitiven Praxis der Biorobotik skizzieren. Um diese Elemente zu verstehen, ist es aber zunächst notwendig, das biohybride robotische Arbeitsobjekt und seine Eigenschaften zu definieren.

Diese Diskussion ist besonders wichtig im Lichte der Erkenntnisse aus der philosophischen Reflexion, die in der synthetischen Biologie vorgeschlagen wird, wo ebenfalls biohybride Organismen erzeugt werden. Wenn wir einen »künstlich hergestellten Organismus« als eine neue Form des Lebens bezeichnen, »hätte dieser Schritt wichtige normative Auswirkungen: Der Begriff des Lebens ist bereits normativ. Wenn man synthetische, Insulin produzierende Bakterien als lebende Organismen betrachtet, kann man ihnen keinen rein instrumentellen Nutzen zuschreiben, da lebenden Organismen in der Regel ein intrinsischer Wert zugeschrieben wird. Andererseits könnte die Vorstellung, sie seien Maschinen, ihre ethische Behandlung erschweren.« (Rijssenbeek, Blok und Robaey 2022) Indem wir die Grammatik der biohybriden Robotik untersuchen, können wir einen Einblick in die ontologischen und ethischen Implikationen dieser neu entstehenden Entitäten gewinnen und so zu einem umfassenden und nuancierten Verständnis von biohybriden Systemen und ihrer Rolle bei der Gestaltung unserer Welt gelangen.

5.1 Biohybride Robotik: Worum geht es?

Um die Eigenschaften des biohybriden Objekts zu verstehen, ist es notwendig, zunächst einige grundlegende Definitionen der biohybriden Robotik zu geben. Die Bio-Hybrid-Robotik entsteht als synergetische Strategie, um die besten Eigenschaften von biologischen Einheiten und künstlichen Materialien in effizientere und komplexere Systeme zu integrieren, mit denen die Schwierigkeiten überwunden werden können, denen sich derzeitige Softroboter konfrontiert sehen. Das Design von biohybriden Robotern beruht daher auf der Kombination von lebenden Zellen/Geweben mit einem synthetischen Material. Solche lebenden Entitäten können von einzelnen beweglichen Zellen auf der Mikroskala (z.B. Spermien, Bakterien) bis hin zu konstruierten Einzelzellen (z.B. Muskelzellen) und multizellulären Systemen reichen (Webster-Wood u.a. 2022; Guix u.a. 2021; Yasa u.a. 2022).

Eine andere Definition der biohybriden Robotik konzentriert sich auf die Tatsache, dass »biohybride Roboter durch die Integration lebender Zellen und flexibler Materialien konstruiert werden, die einen ähnlichen Organ- oder Gewebeaufbau und ähnliche Funktionen von Organismen reproduziert haben, und diese Integration wird auf den Fortschritt der Fertigungstechnologien und Fortschritte im Tissue Engineering zurückgeführt« (Sun u.a. 2020, 4040).

Im Gegensatz zur klassischen Biorobotik, d.h. dem Design von biologisch inspirierter Robotik, das ich in den vorangegangenen Kapiteln analysiert habe, hat die biohybride Robotik das primäre Ziel, biohybride zusammengesetzte Einheiten zu schaffen, die also hauptsächlich mit Organismen agieren, sich mit ihnen integrieren und interagieren müssen.

Einer der ersten Bioroboter überhaupt wurde 2005 in der Studie von Jianzhong Xi, Jacob J. Schmidt und Carlo D. Montemagno mit dem Titel *Self-assembled microdevices driven by muscle* vorgestellt. In der Studie beschreiben die Wissenschaftler die Entwicklung von Mikrogeräten, die durch den Einsatz von Muskelzellen zur Selbstorganisation und zum Selbstantrieb fähig sind. Die Geräte bestehen aus einem gemusterten Substrat mit Ankerpunkten, an denen sich Muskelzellen festsetzen und zusammenziehen. Die Kontraktionen der Muskelzellen bewirken, dass sich das Gerät bewegt und sich selbst zu bestimmten Formen zusammensetzt. Der Artikel befasst sich mit dem Design und der Herstellung dieser Geräte sowie ihren möglichen Anwendungen in Bereichen wie der Mikrorobotik und dem Tissue Engineering (Xi, Schmidt und Montemagno 2005). Bei biohybriden Robotern geht es also um die komplexe Interaktion und Zusammensetzung zwischen verschiedenen und heterogenen Schichten.

5.2 Zellen und synthetische Materialien: die Verschmelzung in biohybriden Robotern

Biohybridsysteme sind komplexe Gebilde, die mehrere verschiedene Elemente umfassen, welche zusammenwirken, um eine gewünschte Funktion zu erreichen. Das erste wichtige Element ist dabei das biologische Gewebe. Kardiomyozyten zum Beispiel sind eine weit verbreitete biologische Komponente bei der Konstruktion von Bio-Hybrid-Robotern. Diese Zellen können entweder aus neugeborenen Rattenherzen extrahiert und dann auf weiche, künstliche Materialien ausgesät oder durch induzierte Differenzierung verschiedener Stammzellen bzw. induzierter pluripotenter Stammzellen durch chemische, physikalische oder elektrische Stimulation gebildet werden. Nachdem die Zellen einige Tage lang kultiviert wurden, beginnen sie durch die Übertragung von elektrischen Signalen untereinander wieder automatisch zu kontrahieren, was wiederum verschiedene Trägermaterialien verformt, um effektive Bewegungen wie Biegen, Schwimmen oder Gehen zu ermöglichen.

Eine weitere wichtige Art von biologischem Material, das in Biohybridsystemen verwendet wird, sind Skelettmuskeln. Diese bestehen aus parallelen Faserbündeln, und ihr Verhalten wird von Motoneuronen und elektrischen Reizen gesteuert. Die Existenz von Skelettmuskeln ermöglicht es dem Menschen, dynamische und komplexe Aktivitäten auszuführen, die eine präzise Kontrolle und Koordination erfordern. Diese Kraft kann in biohybride Roboter übertragen werden.

Eine dritte Gruppe von organischen Materialien, die häufig in biohybriden Systemen verwendet werden, sind Algen. Algen können als Energiequelle genutzt werden, um funktionalisierte Partikel anzutreiben. So haben Oncay Yasa und KollegInnen einen biohybriden Mikroschwimmer entwickelt, der mit lebendem Gewebe kompatibel ist und von einer Süßwasser-Mikroalgenart namens *Chlamydomonas reinhardtii* angetrieben wird. Um den Mikroschwimmer herzustellen, werden kleine magnetische Kugeln, die mit einer Art geladenem Polymer beschichtet sind, durch nichtkovalente elektrostatische Wechselwirkungen an der Oberfläche der Mikroalge befestigt. Yasa und KollegInnen untersuchten die 3D-Bewegung der Mikroschwimmer in An- und Abwesenheit eines einheitlichen Magnetfelds sowie ihre Bewegung unter verschiedenen physiologischen Bedingungen wie im Zellkulturmedium, in menschlicher Eileiterflüssigkeit, in Plasma und Blut. Die ForscherInnen fanden heraus, dass die Mikroschwimmer sowohl für gesunde als auch für Krebszellen zellverträglich sind. Sie wiesen auch nach, dass die Mikroschwimmer verwendet werden können, um fluoreszierende Moleküle effektiv an Säugetierzellen abzugeben, was sie zu einer vielversprechenden Option für gezielte Anwendungen in der Medizin macht (Yasa u.a. 2018).

Das zweite wichtige Element in Biohybridsystemen sind synthetische Materialien. Synthetische Materialien bieten die strukturelle Unterstützung, die für den Bau anpassungsfähiger und biomimetischer Bio-Hybrid-Roboter erforderlich ist. Diese Materialien müssen jedoch mehrere Anforderungen erfüllen, darunter eine günstige Biokompatibilität, flexible Eigenschaften und einstellbare Mikrostrukturen. Zu den beliebten Trägermaterialien für den Bau von Bio-Hybrid-Robotern gehören wasserbindende Hydrogele, Proteinmaterialien wie Kollagen, Matrigele, Metalle und Siliziumprodukte wie das Silikonöl PDMS. Diese Materialien bieten einzigartige mechanische, optische und elektrische Eigenschaften, die zur Schaffung hochgradig anpassungsfähiger und funktionaler biohybrider Systeme genutzt werden können.

5.2.1 Fähigkeiten, auf Stimuli zu reagieren

Dank der Fortschritte in der Gewebezüchtung lassen sich Bioaktuatoren inzwischen so modifizieren, dass sie auf verschiedene Arten von Reizen wie Temperatur, pH-Wert oder Licht reagieren können. Ein aktuelles Beispiel hierfür ist die Entwicklung eines flugzeugähnlichen Schwimmroboters durch Nicole Xu und KollegInnen. Durch Bestrahlung des Roboters mit Nahinfrarotlicht (NIR) konnten die WissenschaftlerInnen ihn fernsteuern und zum Schwimmen bringen. Der Schwanz des Roboters, der aus einer flexiblen Membran und künstlichen Kardiomyozyten besteht, interagiert mit der flüssigen Umgebung, um den Roboter vorwärtszutreiben. Dieser biohybride Roboter bewegt sich in einer glukosehaltigen Lösung. Wenn das NIR-Licht ausgeschaltet wird, hört er sofort auf, sich zu bewegen. Solche intelligenten biohybriden Geräte haben ein großes Potenzial, um die Entwicklung der Robotik voranzutreiben, auch wenn die begrenzte Lebensdauer und die Antriebskräfte noch Herausforderungen darstellen.

5.2.2 Fortbewegung

Sobald die grundlegenden Merkmale der Elemente, aus denen biohybride Organismen bestehen, identifiziert sind, ist es wichtig zu klassifizieren, wie sie sich bewegen und durch die Eigenschaften der verwendeten Materialien mit ihrer Umgebung interagieren können. Biohybride Roboter bestehen sowohl aus biologischen als auch aus synthetischen Komponenten, die zusammenarbeiten, um ein anpassungsfähiges und biomimetisches System zu schaffen, das in der Lage ist, bestimmte Aufgaben auszuführen.

Die Fähigkeit, sich zu bewegen, ist eine der wichtigsten Eigenschaften von biohybriden Robotern und diese wird weitgehend durch die verwendeten Materialien und die Form des Organismus bestimmt. Sung-Jing Park und KollegInnen entwickelten zum Beispiel einen weichen Roboterrochen, der aus vier Gewebeschichten besteht. Dieser Rochen setzt sich aus einem 3D-PDMS-Körper, einem goldenen Skelett, einer interstitiellen Elastomerschicht und einer biologischen Schicht zusammen, die die Manövrier- und Rotationsmodi von Rochen nachahmte. Der biohybride Rochen zeigte unter externer Kontrolle ein ausgezeichnetes Schwimmverhalten (Park u. a. 2016).

Neben den Materialien und der Form des Organismus können auch externe Stimuli seine Bewegung unterstützen und steuern. Obwohl biohybride Roboter, die von lebenden Zellen angetrieben werden, den Vorteil einer autonomen und effizienten Bewegungsfähigkeit aufweisen, können ihr Verhalten und ihre Fähigkeit, präzise Aufgaben zu erfüllen, durch die Einführung externer Stimuli weiter verbessert werden. Verschiedene Energiequellen wie Licht, elektrische Signale, chemische Verbindungen und Magnetfelder sind in diesem Zusammenhang untersucht und in ihrer Anwendung angepasst worden, um die Leistung von biohybriden Robotern zu steigern.

In dem von Park und KollegInnen entwickelten künstlichen Rochenfisch beispielsweise war die Fortbewegung steuerbar, indem die WissenschaftlerInnen weiche Materialien und modifiziertes Herzgewebe kombinierten. Um fotokontrollierbare Eigenschaften zu erreichen, wurden Kardiomyozyten so verändert, dass sie das Protein Channelrhodopsin-2 (ChR2) exprimierten. Dieser lichtempfindliche Ionenkanal lässt bei Lichteinfall positiv geladene Ionen in die Zelle eindringen, wodurch die Zelle erregt wird. Die optogenetischen Kardiomyozyten wurden dann strahlenförmig am Körper ausgerichtet und verliefen parallel zum goldenen Skelett. Die Fortbewegung des so konstruierten Rochens wurde durch die wellenförmige Bewegung der Flossen, die durch optische Stimulation gesteuert wurde, ermöglicht. Durch die Steuerung der Fortbewegungsarten konnte der Rochen sogar mit hoher Geschwindigkeit zwischen Hindernissen hindurchschwimmen. Diese Arbeit legte den Grundstein für die Entwicklung von autonomen und adaptiven biohybriden Robotern (Park u.a. 2016). Die begrenzte Lebensdauer und Antriebskraft stellen allerdings nach wie vor Herausforderungen in der Entwicklung von lichtreaktiven Schwimmrobotern dar, wie Xu und KollegInnen bei der Entwicklung eines mit Nahinfrarotlicht gesteuerten Schwimmroboters feststellten (B. Xu u.a. 2019).

Um verschiedene Fortbewegungsmodalitäten zu erreichen, die unterschiedlichen Anforderungen an die Arbeitsumgebung und Anwendungsmethoden gerecht werden, können biohybride Roboter verschiedene Aktuatoren kombinieren. Synthetische Materialien lassen sich mit besonderen Morphologien entwerfen wie z.B. mehrschichtigen oder spiralförmigen Strukturen und hohlen Röhren. Substratmaterialien können durch die selektive Zusammenstellung biologischer Komponenten spezifische Oberflächeneigenschaften aufweisen. Durch die

Steuerung mit externen Stimuli sind Bio-Hybrid-Roboter in der Lage, verschiedene Bewegungsformen zu realisieren, darunter Schwimmen, Pumpen, Gehen, Greifen, Rotation und mehr.

5.2.3 Schwimmen

Jüngste Forschungsstudien haben sich auf die Verbesserung der Schwimmgeschwindigkeit und -komplexität von Bio-Hybrid-Robotern konzentriert. An natürlichen Lebewesen orientiert, wurden dafür künstliche biohybride Roboter entwickelt, die das Verhalten echter Wasserorganismen imitieren oder deren Schwimmfähigkeit, wie die Algen-Mikroschwimmer, nutzen. Angesichts des Potenzials dieser Technologien könnten biohybride Roboter schon bald für ein breites Spektrum von Anwendungen zur Verfügung stehen, darunter Umweltüberwachung, medizinische Behandlungen und vieles mehr (Ren u. a. 2019; Singh u. a. 2017).

5.2.4 Pumpen und Gehen

Pumpen und Gehen sind zwei der häufigsten Fortbewegungsarten, die bei der Entwicklung von biohybriden Robotern verwendet werden. Beim Pumpen wird ein Muskel rhythmisch kontrahiert und entspannt. Dies wird in der Regel durch die Einbettung von Muskelzellen oder Myoblasten in eine Hydrogelmatrix erreicht. Das Hydrogel bietet den Muskelzellen mechanischen Halt, während die Muskelzellen die zum Pumpen notwendige Kontraktionskraft aufbringen. Beim Gehen müssen mehrere Beine oder Gliedmaßen koordiniert bewegt werden, was in der Regel durch die Einbettung von Muskelzellen oder Myoblasten in ein flexibles Substrat oder Gerüst erreicht wird. Die Muskelzellen kontrahieren und entspannen sich auf koordinierte Weise, um eine Gehbewegung zu erzeugen (Tanaka u. a. 2007; Akiyama u. a. 2012).

5.2.5 Greifen

Greifen ist eine weitere wichtige Bewegungsart, die bei der Entwicklung von biohybriden Robotern ausgiebig untersucht wurde. Beim Greifen geht es um die Fähigkeit, Objekte zu fassen und zu halten, was für viele Anwendungen wichtig ist, z. B. für die Handhabung zerbrechlicher Gegenstände. Biohybride Greifer haben den Vorteil, dass sie eine hohe Energieumwandlungseffizienz haben, biokompatibel sind und sich an die Arbeit mit Organismen wie dem menschlichen Körper anpassen können. Diese Greifer werden durch biologische Komponenten angetrieben und können Aktoren, Biosensoren, Energiequellen und Kontrollsysteme in einem einzigen System integrieren (Kabumoto u. a. 2013; Shintake u. a. 2018).

5.2.6 Rollen und Drehen

Rollen und Drehen sind weniger verbreitete Fortbewegungsarten, die aber bei der Entwicklung von biohybriden Robotern ebenfalls untersucht worden sind. Beim Rollen handelt es sich um die Bewegung eines Zylinders oder einer Kugel, die durch das Einbetten von Muskelzellen oder Myoblasten in ein flexibles Substrat oder Gerüst erreicht werden kann. Die Muskelzellen kontrahieren und entspannen sich auf koordinierte Weise, um eine Rollbewegung zu erzeugen. Bei der Rotation handelt es sich um die Bewegung eines Rotors oder Propellers, die durch die Einbettung von Muskelzellen oder Myoblasten in ein flexibles Substrat oder Gerüst und die Anwendung eines externen Drehmoments oder Magnetfelds erreicht werden kann (Sun u. a. 2020).

5.3 Cyborgs

Die Idee, biohybride Roboter zu bauen, indem man Tiere oder Teile von Tieren als Gerüst verwendet, existiert schon seit einiger Zeit. Indem sie diese Organismen mit Technologie ausrüsten, können WissenschaftlerInnen ihre Bewegungen kontrollieren und multifunktionale Roboter schaffen. Dieser Ansatz wird als »Cyborgisierung« bezeichnet, bei der biologische und künstliche Komponenten integriert werden, um eine neue Art von System zu schaffen, das weder vollständig biologisch noch ausschließlich künstlich ist (Webster-Wood u.a. 2022).[14]

Ein Beispiel dafür ist die Verwendung von Quallen zum Bau von biohybriden Robotern. WissenschaftlerInnen bringen elektronische Teile an einer Qualle an und steuern ihre Bewegungen durch elektrische Stimulation. Diese Technologie wurde verwendet, um einen Bio-Hybrid-Roboter zu bauen, der wie eine Qualle durch das Wasser schwimmen kann, was einmal für die Umweltüberwachung oder die Unterwasserforschung von Bedeutung sein könnte (N.W. Xu u.a. 2021).

Andere Tiere, die zum Bau von biohybriden Robotern verwendet wurden, sind Muscheln, Schildkröten und Insekten wie Heuschrecken, Käfer oder Kakerlaken. Indem sie die Bewegungen dieser Tiere von außen steuern, sind WissenschaftlerInnen in der Lage, Roboter zu schaffen, die gehen, laufen, fliegen oder schwimmen können, je nachdem, welches Tier als Gerüst dient.

Die Technologie, die zur Steuerung dieser Cyborg-Roboter verwendet wird, entwickelt sich ständig weiter. Gehirn-Computer-Schnittstellen z.B. ermöglichen die Anwendung von drahtlosen Kommunikations- und Stimulationsgeräten. So entwickelten Cheol-Hu Kim und KollegInnen ein Display, das auf dem Kopf der Schildkröte *Trachemys scripta elegans* angebracht war. Über eine solche Gehirn-Computer-Schnittstelle mediiert, konnten sie aus der Ferne die Bewegungen der Schildkröte steuern, indem sie durch Stimulation das Fluchtverhalten der Schildkröte auslösten (S. Lee u. a. 2013). In einer anderen Studie wurden die Bewegungen von Fischen durch elektrische Reize gesteuert (C.-H. Kim u. a. 2016).

Ebenfalls durch elektrische Reize steuerten Yong Peng und Kollegen die Bewegungen des Karpfens (*Cyprinus carpio*). Die AutorInnen sendeten Stimuli durch Elektroden, die in das Kleinhirn der Fische implantiert waren, und beobachteten, dass Steuerbewegungen auf der gegenüberliegenden Seite der Stimulationsstellen stattfanden, während Vorwärts- und Rückwärtsbewegungen durch die Stimulation von mittig im Kleinhirn platzierten Elektroden ausgelöst wurden (Peng u. a. 2011).

Auch bei Insekten wurden in mehreren Studien elektrische Stimulationen genutzt, um ihre Bewegungen zu steuern (Ma u. a. 2023; Owaki, Dürr und Schmitz 2023). Die Impulse wurden jedoch direkt an die Muskulatur übertragen. Im Falle der Cyborg-Insekten wird der biohybride Roboter also durch die Insektenplattform selbst lokalisiert. Eine elektronische Platine, die am Körper angebracht ist, stimuliert elektrisch die wichtigsten neuromuskulären Stellen des Insekts, was zu Rotation und Beschleunigung führt, um die Fortbewegung zu steuern. Auf diese Weise benötigen Cyborg-Roboter keine künstlichen Aktuatoren für die Fortbewegung; elektrische Stimulation ist ausreichend.

5.4 Gemischte Tier-Roboter-Gesellschaften

Wie bereits erwähnt, haben biohybride Systeme den Zweck und die Funktion, mit einem anderen Wesen zu interagieren. Sie tun dies mit einem organischen Körper oder einem anderen Wesen, was zu »gemischten Gesellschaften« führt. Diese werden definiert als »eine Gruppe von Robotern und Tieren, die in der Lage sind, sich zu integrieren und zu kooperieren: Jeder Roboter wird von den Tieren beeinflusst, kann aber seinerseits das Verhalten der Tiere und der anderen Roboter beeinflussen« (Romano u. a. 2019). Der Wissenschaftler Donato Romano hat dies so ausgedrückt:

> »Genau wie bei Cyborgs kann in gemischten Gesellschaften aus Tieren und Robotern die technologische Komponente (in diesem Fall ein künstlicher Agent) die Funktionalität des biologischen Systems (z. B. einer Tierkolonie), in das sie integriert ist, überwachen, kontrollieren, wiederherstellen oder verbessern. Umgekehrt kann die tierische Intelligenz technische Systeme informieren und ihre Leistung in anspruchsvollen Szenarien der realen Welt verbessern.« (Romano 2023, 1)

In einer gemischten Tier-Roboter-Gesellschaft befindet sich eine biomimetische Tiernachbildung oder Nachbildung eines mit den Tieren interagierenden Umweltsystems gleichzeitig an einem bestimmten Ort und zu einer bestimmten Zeit mit echten Tieren und kann von diesen Tieren als Artgenosse/Umweltbestandteil akzeptiert werden. Um eine gemischte Gesellschaft aufzubauen, kann der akzeptierte Roboter mit den Tieren interagieren und deren Verhalten modulieren und/oder sein Verhalten an die Reaktion der Tiere anpassen. In gemischten Gesellschaften können Roboter Verhaltensreaktionen hervorrufen, indem sie das Verhalten an das des Tieres anpassen (Halloy u. a. 2013). Verhaltensmerkmale spielen eine wichtige Rolle bei biologischen Anpassungen.

Roboter lassen sich entsprechend auch dazu nutzen, neue Fähigkeiten zu entwickeln, die eine gemeinsame kollektive Intelligenz erzeugen. Ein paar Beispiele sollen veranschaulichen, wie gemischte Gesellschaften aussehen und funktionieren könnten.

5.4.1 Roboter-Bienenstöcke

Honigbienen und Wildbienenarten sind für die Pflanzenproduktion und die Artenvielfalt von entscheidender Bedeutung. Ihre Populationen sind jedoch aufgrund von Krankheiten, Parasiten, Monokulturen, klimatischen Veränderungen, Industrialisierung und durch den Missbrauch von Agrochemikalien stark zurückgegangen. Honigbienen überleben den Winter, indem sie kollektive Verhaltensstrategien anwenden, um eine Temperaturschwelle aufrechtzuerhalten. Der »Winterschwarm« ist eine dichte Ansammlung von Bienen, die sich innerhalb des Nestes bewegen, um Nährstoffe und thermisch optimale Orte zu finden. In der Kernregion des Clusters sind die Temperaturen viel wärmer als in der Peripherie, wodurch ein optimales Mikroklima für die Honigbienen entsteht.

Rafael Barmak und KollegInnen wollten Honigbienenvölker dabei unterstützen, extreme Wintertemperaturen zu überleben, indem sie einen Roboterbienenstock entwickelten, der in der Lage ist, Honigbienen zu überwachen und mit ihnen zu interagieren. Dafür entwickelten sie Roboter-Bienenwaben, die es vermögen, thermisch mit Honigbienenvölkern zu interagieren, insbesondere mit *Apis mellifera carnica.* Das Robotersystem verwendet Sensoren, um verschiedene Zustände der Insektenkolonie wahrzunehmen, und reagiert in einem geschlossenen Kreislauf. Der Roboter ist in der Lage, thermische Aktuatoren zu aktivieren und zu deaktivieren, um die Auswirkungen von Temperaturveränderungen auf das kollektive Verhalten der Bienen wie z. B. ihre zeitliche Position innerhalb des Bienenstocks als Reaktion auf bestimmte Temperatureingaben durch den Roboter zu untersuchen. Das Robotersystem erwies sich als entscheidend für die Lebenserhaltung von Honigbienenvölkern, die am stärksten vom Winterkollaps bedroht sind. Es konnte auch die Beweglichkeit und das normale Verhalten von zuvor komatösen Bienen wiederherstellen und so den unmittelbaren Niedergang des Bienenvolkes verhindern. Und es könnte bei der weiteren Aufklärung des kollektiven thermoregulatorischen Verhaltens der überwinternden Honigbienen eine wichtige Rolle spielen und einen einzigartigen Vorteil bei der Erforschung der Ursachen des derzeitigen weltweiten Zusammenbruchs von Honigbienenvölkern bieten (Barmak u.a., o.J.).

Biohybride Systeme entstehen durch die tiefe Integration technologischer Artefakte (wie Roboter) in Tierpopulationen und -gemeinschaften. Künstliche Agenten und Tiere interagieren und teilen ihre Fähigkeiten in einem Organismus-Roboter-erweiterten System (Romano 2023).

5.4.2 Organismische Augmentation und Ökosystem-Hacking

Die Interaktion künstlicher Agenten mit Tieren führt zu den Konzepten der organismischen Augmentation und des »Ecosystem Hacking«. Das Konzept der organismischen Augmentation ist eine Vision, die darauf abzielt, technologische Geräte und Roboter mit natürlichen Organismengemeinschaften, insbesondere sozialen Insekten, zu kombinieren, um eine tiefgreifendere und stabilere Augmentation innerhalb des Systems zu gewährleisten. Um dies zu erreichen, müssen die betreffenden technologischen Artefakte in die Rückkopplungsschleifen integriert werden, die das kollektive Verhalten der natürlichen Wirte regulieren. Dies kann entweder durch die Teilnahme an der zirkulären Kausalkette, die die Rückkopplungsschleife bildet, oder durch die Regulierung der natürlichen Rückkopplungsschleifen geschehen. Es ist wichtig, dass technologische Artefakte den vergangenen, aktuellen und den voraussichtlich zukünftigen Zustand des Systems berücksichtigen.

Es gibt zwei Hauptansätze für die Integration von technologischen Artefakten in organismische Gesellschaften: durch Biomimetik/Bionik und durch künstliche Intelligenz, künstliches Leben und maschinelles Lernen. Bei der Biomimetik/Bionik geht es darum, biologisches Wissen mit technischem Einfallsreichtum zu kombinieren, um natürliche Systeme zu imitieren, während künstliche Intelligenz, künstliches Leben und maschinelles Lernen es Robotern ermöglichen zu lernen, wie sie sich in tierische Gesellschaften integrieren können.

Im Rahmen des Ecosystem Hacking können autonome bioinspirierte und biomimetische Roboter eingesetzt werden, um den Zerfall von Ökosystemen zu verhindern oder sogar umzukehren. Dieser dreistufige Plan beinhaltet den Einsatz von Roboterschwärmen zur nachhaltigen und ökosystemfreundlichen Überwachung gefährdeter Umgebungen, das Eingreifen als »ökologische Ersthelfer« bei Anomalien, die bei der Überwachung festgestellt werden, und den Wiederaufbau schwer geschädigter Ökosysteme durch die Neuverdrahtung der Interaktionsnetzwerke zwischen den verbleibenden Arten. Dieser Ansatz hat das Potenzial, wertvolle Daten zu liefern, Ökosysteme zu erhalten und zu reparieren und heimische Arten zu retten. Durch den Einsatz solcher Methoden kann möglicherweise der dringende Bedarf an Lösungen für die aktuelle Umweltkrise gedeckt werden (Stefanec u.a. 2022; Lazic und Schmickl 2023).[15]

5.5 Jenseits der Ethologie: die vielfältigen Einsatzmöglichkeiten biohybrider Roboter

Der Einsatz von biohybriden Robotern ist nicht auf die ethologische Forschung beschränkt, sondern erstreckt sich auch auf verschiedene andere Bereiche. Diese Roboter haben das Potenzial, die Art und Weise zu revolutionieren, wie wir an die Landwirtschaft, die Tierhaltung und die Erhaltung der Tierwelt herangehen. Eine interessante Anwendung von biohybriden Robotern ist beispielsweise ihr Einsatz bei der Kontrolle von Tierpopulationen in der Landwirtschaft. Indem sie die Tiere von bestimmten Gebieten fernhalten, können Landwirte ihre Ernten schützen und Schäden durch Tiere vermeiden. Darüber hinaus lassen sich biohybride Roboter zur Verbesserung der Bedingungen in der Tierhaltung einsetzen, z. B. zur Überwachung und Regulierung von Futter, Wasser und Umweltbedingungen. Dies kann neben einer höheren Produktivität auch zu einem besseren Wohlergehen der Tiere führen. Zudem können biohybride Roboter auch eine entscheidende Rolle beim Schutz bedrohter Tierarten spielen, indem sie diese aus gefährlichen Gebieten leiten oder ihnen helfen, eine geeignete Migrationsroute zu finden. Durch den Einsatz von Robotern in der Prägungsphase können die Tiere lernen, den Robotern entlang einer sicheren Migrationsroute zu folgen und so ihr Überleben zu sichern.

Neben diesen Anwendungen werden in der Rinderhaltung und Milchproduktion immer häufiger Melkroboter eingesetzt. Diese Roboter sind zwar nicht biomimetisch, aber sie ermöglichen es den Tieren, direkt mit der Maschine zu interagieren, ohne dass Menschen beteiligt sind. Ebenso sind tragbare Geräte wie intelligente Halsbänder, mit denen sich die Gesundheit und das Verhalten der Tiere überwachen lassen, in landwirtschaftlichen Betrieben weit verbreitet.

Eine weitere wichtige Anwendung von biohybriden Robotern ist die gezielte Verabreichung von Medikamenten und Wirkstoffen. Indem sie Fracht an Bioaktuatoren wie Mikroorganismen oder Spermazellen anbringen (vgl. die bereits erwähnten Algen-Mikroschwimmer), können ForscherInnen eine hocheffiziente und gezielte Wirkstoffabgabe erreichen. Die entsprechenden Roboter sind in der Lage, verschiedene Substanzen zu transportieren, darunter Krebsmedikamente, Oligonukleotide und funktionelle Mikro- oder Nanopartikel.

Biohybride Roboter bieten auch verschiedene Möglichkeiten für den Einsatz im Bioimaging. Durch die Integration von fluoreszierenden Partikeln oder selbstleuchtenden Bioaktuatoren ist eine Anwendung in der Fluoreszenzbildgebung möglich. Magnetische Nanopartikel können für eine bessere Kontrolle der biohybriden Roboter eingeführt werden und auch als Kontrastmittel für die Magnetresonanztomografie dienen. Bio-Hybrid-Roboter haben also ein großes Potenzial für die multimodale Bildgebung in der medizinischen Diagnose und Therapie und eignen sich für den Einsatz in der bildgesteuerten Therapie und bei der Verabreichung von Chemotherapeutika.

5.6 Interne Übersetzung in biohybriden Systemen

Wie lassen sich nun diese konstruktive Praxis und die Schaffung von biohybriden Systemen philosophisch verstehen? Biohybride Systeme bieten ein reichhaltiges Terrain für philosophische Untersuchungen, insbesondere weil sie die Überschneidung und Verschmelzung verschiedener Grammatiken und Sprachen verkörpern. Indem sie die Sprachen der Biologie und der Technik zusammenbringen, veranschaulichen biohybride Organismen, wie verschiedene Grammatiken konvergieren, hybridisieren und ihre unterschiedlichen Identitäten innerhalb einer neuen Einheit bewahren können. Sie zeigen, wie das Zusammentreffen von Sprachen eine neue Form der Handlungsfähigkeit hervorbringt, die das Zusammenspiel verschiedener materieller und konzeptioneller Elemente widerspiegelt.

Um diesen Prozess zu verstehen, müssen wir zunächst die verschiedenen Grammatiken identifizieren, die dabei im Spiel sind. Auf der einen Seite haben wir die Grammatik der Organismen, die das Verhalten und die Organisation von lebenden Systemen auf verschiedenen Ebenen regelt. Was den/die IngenieurIn interessiert, ist jedoch nicht die Grammatik des Organismus an sich. Der/die WissenschaftlerIn interessiert sich dafür, wie sich ein Element im Organismus verhält und wie es mit diesem als Ganzem zusammenhängt. Wie wir in den vorangegangenen Kapiteln gesehen haben, ist das, was mittels Technik isoliert und übertragen wird, nur ein einzelnes Element eines umfassenderen organischen Ganzen. So wird beispielsweise der Herzmuskel aus dem Grundorganismus herausgelöst, in eine Zellkultur übertragen und dann als wesentlicher Teil in den neuen Organismus eingefügt. Die Definition von Organismen, die in dieser Praxis allgemein akzeptiert wird, ist also dieselbe, die auch in den anderen Beispielen der Biorobotik, wie sie in den vorherigen Kapiteln analysiert wurden, Verwendung fand. Der Organismus wird als eine orchestrierte Komposition von Teilen gesehen: »Der Sinn des Begriffs Organismus und Organisation ist nichts anderes als die gesetzmäßige Vereinigung von Teilen.« (Francé 1928, 262)

Auf der anderen Seite haben wir die Grammatik der Technik, die das Design und die Funktionalität von technischen Objekten prägt. In der Praxis der Biorobotik werden diese Grammatiken auf eine Weise übersetzt und integriert, die den Zugang zum verborgenen Potenzial biologischer Systeme ermöglicht. Wie in den vorangegangenen Kapiteln erörtert, geht es in der Praxis der Biorobotik genau darum, eine Sprache in eine andere zu übersetzen, um dann auf die Lebensform zugreifen zu können, die der uns nur zum Teil bekannten Sprache zugrunde liegt.

Biohybride Systeme gehen jedoch über die bloße Übertragung hinaus, indem sie einen tiefgehenden Prozess der Hybridisierung und Komposition beinhalten. Sie übertragen nicht einfach biologische Phänomene in eine technische Sprache oder schaffen Objekte mit verbesserter Leistung, sondern bringen *eine neue ontologische Stabilität* hervor, die sich auf keine der beiden Sprachen reduzieren lässt. In diesem Sinne veranschaulichen biohybride Systeme einen internen Übersetzungs- und Kommunikationsprozess, bei dem verschiedene Grammatiken aufeinandertreffen und eine neue Sprache entstehen lassen, die Elemente beider Sprachen bewahrt und gleichzeitig ihre gegenseitige Verständlichkeit durch eine dritte, hybride Sprache ermöglicht.

Dieser Prozess ist vergleichbar mit der Entstehung von Mischsprachen, wie sie in zweisprachigen Gemeinschaften gesprochen werden, in denen sich verschiedene sprachliche Elemente zu einer neuen Ausdrucksform verbinden, die sich nicht vollständig aus einer Sprache ableiten lässt. Wie diese gemischten Sprachen sind auch biohybride Organismen Bestandteil einer neuen Form der Mehrsprachigkeit, bei der verschiedene semantische und synthetische Ebenen miteinander verwoben werden, um unserer komplexen Umwelt einen Sinn zu geben.

Beim Übersetzen und Zusammensetzen erkennen wir als Subjekte die verschiedenen miteinander verwobenen semantischen und synthetischen Schichten der Welt und ihrer Bereiche, d.h. das, was Alfred Nordmann die »kakophonische mehrsprachige Umgebung« nennt (Nordmann 2020, 88). Die verschiedenen Kompositionsregeln, die wir verwenden, um verschiedene Sprachen zusammenzubringen, können in der Tat als Praktiken betrachtet werden, die nicht miteinander konkurrieren, sondern sich gegenseitig informieren, um unserem Subjektsein inmitten einer kakophonen Umgebung einen Sinn zu geben. Wie Nordmann konstatiert hat, »stellt sich bei diesen Sprachen die Frage nach der Beherrschung nicht. Man nähert sich den eingesetzten Sprachen nicht mit der Hoffnung oder Erwartung, dass man

›in‹ ihnen eine Ausdrucksfähigkeit erreicht, die der eines Muttersprachlers nahekommt. Anstatt ein Ideal der Verschmelzung hochzuhalten, nähert man sich diesen Sprachen mit der Fähigkeit, opportunistisch auf sprachliche Ressourcen zurückzugreifen und aus ihnen nützliche Informationen oder Zeichen zur Orientierung zu gewinnen.« (Nordmann 2023)

Schließlich ist es wichtig festzustellen, dass die Hybridität biohybrider Systeme sowohl eine epistemische als auch eine ontologische Bedeutung hat. Denn sie spiegelt eine neuartige Form des Seins wider, die nicht auf ihre Bestandteile reduzierbar ist. Dies wirft wichtige philosophische Fragen über das Wesen von Handlungsfähigkeit, Identität und Emergenz in komplexen Systemen auf, die durch die Betrachtung der internen Übersetzung neu beantwortet werden können.

5.7 Die Philosophie der Bio-Hybrid-Organismen: Einheit, Autonomie und Kategorisierung von Organismen

Betrachtet man die Erkenntnistheorie und die theoretischen Voraussetzungen für das Konzept der biohybriden Organismen, die sowohl aus biologischen als auch aus synthetischen Komponenten bestehen, so ergeben sich mehrere wichtige Fragen und Einwände. Ich werde hier kurz auf einige dieser Fragen eingehen und mögliche Antworten geben.

Erstens stellt sich die Frage, wie biohybride Organismen ihre Einheit und Identität im Laufe der Zeit bewahren können, insbesondere angesichts der sich möglicherweise ändernden Rollen ihrer biologischen und synthetischen Komponenten. Eine mögliche Antwort auf diesen Einwand besteht darin, die Grammatik des Objekts und die Integration mit anderen Objekten zu berücksichtigen. Die Einheit des Objekts im Laufe der Zeit ist genau durch seine Grammatik gegeben, d. h. durch das, was es im Zusammenspiel mit anderen Dingen tun oder nicht tun kann. Seine Einheit und Absicht in der Zeit als Konstrukt einer gemischten Sprache ist durch seine Integration mit anderen Objekten gegeben, zum Beispiel durch seine Verwendung in produktiven Systemen.

Zweitens stellt sich die Frage, ob biohybride Organismen als Agenten oder nur als passive Werkzeuge betrachtet werden sollten. Sie betrifft den Grad der Autonomie, den diese Organismen besitzen. Eine mögliche Antwort auf diese Frage ist die Betrachtung der Handlungsfähigkeit, die sich aus den internen Eigenschaften der Materie ergibt, welche zur Schaffung von Biohybridsystemen verwendet wird. Im Falle von Biohybridsystemen ist die mögliche Handlungsfähigkeit von biologischer und synthetischer Materie in ihrer Vereinigung und Materialisierung im Biohybridobjekt zu finden. Auf diese Weise durchbrechen diese Systeme also die Dichotomie zwischen Passivität und Materie.

Eine dritte Gruppe von Problemen hat mit der Beziehung zwischen biohybriden Organismen und der natürlichen Welt zu tun. Es stellt sich die Frage, welche Beziehung zwischen diesen beiden Sphären besteht. Eine mögliche Antwort ist die Betrachtung der Praxis der Sprachübersetzung und der Schaffung von Mischsprachen. Bei der Analyse dieses Prozesses wird deutlich, dass sich biohybride Organismen als eigenständige Kategorie betrachten lassen, die die natürliche Welt und die synthetische Welt miteinander verbinden kann.

Schließlich stellt sich die Frage, ob biohybride Systeme die traditionelle reduktionistische Sichtweise von Organismen und Maschinen als unterschiedliche Kategorien außer Kraft setzen. Damit ist das Problem angesprochen, ob biohybride Systeme immer noch Maschinen sind – lebende Maschinen – oder ob wir die

Kategorie der Maschine ganz aufgeben müssen, um diese Objekte zu verstehen. Dies ist eine komplexe Frage, die ein tieferes Verständnis der prozessualen Natur der Realität erfordert, welche den biohybriden Formen zugrunde liegt. Biohybride Systeme sind das Produkt eines Schöpfungsprozesses, der verschiedene materielle Eigenschaften und Systeme miteinander verbindet. Auch hier sehen wir, dass sie als solche weder rein biologisch noch rein synthetisch sind, sondern vielmehr eine neue Kategorie von Objekten darstellen, die unser traditionelles Verständnis von Maschinen und Organismen und deren Ontologie infrage stellt.

5.8 Prozessuale Ontologie

Welche Art von Ontologie offenbart sich in der Grammatik der biohybriden Entität, und ist es dieselbe, die der organischen Welt zugrunde liegt? Die Idee einer prozessualen Ontologie ist von zentraler Bedeutung für Diskussionen über die Ontologie von Organismen und steht in Zusammenhang mit den Konzepten von Denkern wie etwa Jakob Johann von Uexküll (1864–1944). Uexküll schlug in seinem Werk *Bedeutungslehre* eine kompositorische Theorie der Natur vor, die die organische Beziehung zwischen einem Subjekt und seiner Umwelt untersucht. Ihr zufolge schaffen die harmonischen Beziehungen des Subjekts mit Objekten, die für das Subjekt eine Bedeutung haben, eine Komposition der Natur, die über ihre Individualität hinausgeht. Uexkülls Theorie der Komposition ist nützlich, um die Beziehung zwischen dem Organismus und seinem Körper zu untersuchen. Diese ist als ein Prozess der Konstitution und Komposition zu verstehen, bei dem der Körper – das unmittelbarste materielle Element der Beziehung – als das Medium fungiert, das diese Interaktion und folglich das Leben des Organismus ermöglicht: »Sowohl Tiere wie Pflanzen bauen sich in ihrem Körper lebendige Häuser, mit deren Hilfe sie ihr Dasein führen.« (Uexküll 1956, 110)

In jüngster Zeit haben die Philosophen John Dupré und Daniel Nicholson die Bedeutung einer prozessualen Ontologie für das Verständnis der Biologie hervorgehoben (Nicholson und Dupré 2018). Eines der Themen, das die beiden Philosophen dazu veranlasst hat, für eine Prozessontologie auf Kosten einer Substanzontologie zu plädieren, ist die Persistenz bei biologischen Individuen. Es gibt mehrere Gründe, warum die Substanzontologie dieses Problem nicht lösen kann. Erstens bedeutet der ständige Stoffwechsel innerhalb einer biologischen Einheit, dass sie von einem Moment zum nächsten nie genau dieselbe ist. Zweitens führen die verschiedenen ontogenetischen Stadien, die diese Einheit während ihres Lebenszyklus durchläuft, zu erheblichen Veränderungen ihrer physischen Struktur. Drittens verändern sich die symbiotischen Beziehungen, die das biologische Individuum ausmachen und erhalten, im Laufe der Zeit erheblich. Lebewesen wie Tiere und Pflanzen brauchen Energie und Materie aus ihrer Umgebung, um am Leben zu bleiben und ihre Struktur zu erhalten. Die Art und Weise, wie sie dies tun, so argumentieren Dupré und Nicholson, ähnelt einem großen Sturm auf dem Jupiter, dem Großen Roten Fleck. Der Sturm bleibt aktiv, indem er ständig Materie und Energie aus den umgebenden Winden aufnimmt. Auf dieselbe Weise bleiben Lebewesen am Leben – indem sie das, was sie brauchen, aus ihrer Umgebung aufnehmen. Die Hartnäckigkeit des Großen Roten Flecks beruht nicht auf der konstanten Ausdauer einzelner Merkmale oder Elemente. Vielmehr ist er ein kontinuierlicher Prozess der Aktivität.

Das Konzept der prozessualen Ontologie stellt die traditionelle Vorstellung von der biologischen Welt als einer Welt aus einzelnen Einheiten mit festen Grenzen und Eigenschaften infrage. Insbesondere der Stoffwechsel, so Dupré und Nicholson, liefert eine starke Begründung für einen prozessbasierten Ansatz zum Verständnis der Biologie. Es sei der zeitliche Aspekt des Stoffwechsels, der einen Wechsel von einer Ontologie der Teile zu einer solchen der Prozesse erfordere, so die beiden Philosophen. Sie schlagen vor, dass biologische Einheiten dadurch charakterisiert werden sollten, wie sie entstehen und welche Beziehungen sie erfüllen müssen, um ein System zu bilden, anstatt sie als Ansammlungen von autonomen Dingen zu betrachten.

Diese Sichtweise gilt sogar für Organismen, die aufgrund des ständigen Stoffwechsels nicht von einem Moment auf den anderen materiell identisch sind. Außerdem bringt ihr Lebenszyklus erhebliche morphologische Veränderungen mit sich, und auch die symbiotischen Verbindungen, aus denen sie bestehen und die sie aufrechterhalten, unterliegen im Laufe der Zeit erheblichen Veränderungen. Die Substanzontologie, die die Welt als aus unabhängigen Bestandteilen zusammengesetzt betrachtet, wird dem Problem der Persistenz in der Biologie nicht gerecht.

Stattdessen bietet eine dynamische Hierarchie von Prozessen, die sich auf verschiedenen Zeitskalen stabilisieren, ein genaueres Modell für das Verständnis biologischer Systeme. Ökologische Gemeinschaften oder Konsortien wie z.B. Biofilme, Holobionten und Superorganismen sind nicht einfach nur Ansammlungen von Dingen, sondern ein tief verwobenes Geflecht aus voneinander abhängigen Prozessen. Die sichtbaren und greifbaren Einheiten auf jeder Ebene sind nicht einfach gegeben, sondern werden durch kontinuierliche Aktivitäten auf höheren und niedrigeren Ebenen in derselben Hierarchie dynamisch aufrechterhalten.

Der Übergang zu einer prozessbasierten Ontologie unterstreicht die Bedeutung eines tieferen Verständnisses, wie sich

Prozesse zusammensetzen und Bedingungen für das Fortbestehen anderer Prozesse schaffen. Die Identität eines Organismus als Individuum ist nicht statisch, sondern eine Aufgabe, die dieser durch seine kontinuierliche Aktivität ständig erfüllen muss, so wie der Große Rote Fleck sich durch seine kontinuierliche Aktivität vom Fluss seiner Umgebung abhebt. Indem wir den dynamischen und prozessualen Charakter biologischer Systeme anerkennen, können wir ein besseres Verständnis für die wechselseitigen Beziehungen gewinnen, die sie konstituieren und erhalten (Nicholson und Dupré 2018).

Einige WissenschaftlerInnen haben versucht, die prozessuale Sichtweise des Organismus mit den jüngsten Entwicklungen in der synthetischen Biologie und dem Begriff der modifizierten Organismen zu verbinden. Da die Produkte der synthetischen Biologie die Kriterien technologischer Artefakte nur unvollkommen erfüllen und Eigenschaften wie ihre Selbstreproduzierbarkeit aufweisen, können sie nicht als Maschinen verstanden werden. Um die einschränkende ontologische Einordnung von Hybriden als Maschinen zu überwinden, schlagen sie daher vor, diese als metabolische Systeme zu betrachten. »Traditionell wird eine Maschine als eine technologische, isolierte und kontrollierbare Produktionseinheit verstanden, die aus Teilen besteht.« (Rijssenbeek, Blok und Robaey 2022) In Anlehnung an Dupré und andere befürworten diese WissenschaftlerInnen die prozessuale Ontologie und argumentieren, dass der Stoffwechsel eine der stärksten Motivationen für die Ablehnung einer Ontologie der Teile zugunsten einer Ontologie der Prozesse als den richtigen Weg zum Verständnis der Biologie darstellt.

5.9 Biohybride Systeme, ihre Umwelt und die prozessuale Ontologie

In Anbetracht dessen, was ich bisher dargelegt habe, stellt sich die Frage, ob eine prozessuale Ontologie, die für Organismen gilt, auch auf biohybride Systeme anwendbar ist. Die Antwort lautet teils ja und teils nein, denn als gemischte und hybride Gebilde umfassen biohybride Systeme zwei verschiedene Ontologien, je nachdem, um welche Techno-Epistemologie es geht und in welchem breiteren Rahmen sie entworfen werden.

Einerseits konzentriert sich die Ontologie der Teile, die lebenden Maschinen eigen ist, auf die Bestandteile des Systems, ihre Eigenschaften und ihre Beziehungen zueinander. Diese Ontologie kann uns dabei helfen, das biohybride System als eine Ansammlung von physischen und materiellen Objekten und die Rolle, die jede Komponente in der Gesamtfunktion des Systems spielt, zu verstehen. Nach einer anderen Auffassungsweise liegt der Schwerpunkt auf der Ontologie hinter den einzelnen Sprachen, die Teil des Hybridsystems sind. Wir könnten zum Beispiel eine Ontologie der Teile verwenden, um die Struktur und die Eigenschaften eines Bio-Hybrid-Sensors zu analysieren, der einen biologischen Rezeptor mit einer elektronischen Anzeige kombiniert. Allerdings, und das ist wichtig zu beachten, sollten die Teile nicht als statische, in sich geschlossene Teile betrachtet werden, sondern als dynamische Teile, die zum Werden eines Ganzen gehören. Eine Ontologie der Prozesse hingegen konzentriert sich auf die dynamischen Interaktionen und Transformationen, die innerhalb und zwischen den Komponenten des Systems stattfinden.

Eine prozessuale Ontologie wird in der Praxis und bei der Verwirklichung von biohybriden Organismen und allgemeiner bei Robotern vorausgesetzt. Insbesondere der Begriff der Beziehung ist ein Schlüsselelement der Ontologie von Organismen und auch in der Roboterontologie von zentraler Bedeutung. Wie Mark Coeckelbergh schreibt, »sollte man die Relationalität von Robotern nicht nur als eingebettet in größere technische Systeme, sondern auch in größere soziotechnische Systeme anerkennen: wie andere Technologien sind auch Roboter ›mit den sozialen Praktiken und Bedeutungssystemen der Menschen verflochten‹. Sie sind also ›verwandt‹ mit solchen Praktiken und Bedeutungssystemen. Man könnte auch sagen, dass sie mit sozialen Beziehungen verbunden sind oder dass sie in kulturelle Ganzheiten eingebettet sind.« (Coeckelbergh 2022, 2055)

Darüber hinaus kann uns die prozessuale Ontologie dabei helfen, das biohybride System als eine Sammlung voneinander abhängiger Prozesse und Ereignisse zu begreifen und zu verstehen, wie diese Prozesse das Verhalten des Systems als Ganzes hervorrufen. In einem Bio-Hybrid-Roboter können wir beispielsweise die Stoffwechselprozesse in den Muskelzellen, die Signalübertragung zwischen den Neuronen und den elektronischen Geräten sowie die Kommunikation zwischen den biologischen und künstlichen Komponenten analysieren. Wir können auch die Rückkopplungsschleifen und Regulationsmechanismen analysieren, die das Verhalten des Systems steuern.

Die Betonung der prozessualen Ontologie hinter der gemischten Sprache ermöglicht es uns auch, die Beziehungen zwischen dem biohybriden System und seiner Umgebung zu untersuchen. Biohybride Systeme existieren in Beziehung zu ihrer Umgebung, und ihr Verhalten wird durch physikalische, chemische und biologische Faktoren beeinflusst. Bei einem biohybriden Roboter kann das Verhalten des Systems beispielsweise von der Temperatur, der Feuchtigkeit oder dem pH-Wert der Umgebung beeinflusst werden. Wir müssen verstehen, wie diese Faktoren das Verhalten des Systems beeinflussen und wie sich das System an Veränderungen in der Umgebung anpassen kann.

Wenn wir uns an die prozessuale Ontologie halten, haben wir auch die Evolution des Biohybridsystems genauer im Blick. Die prozessuale Ontologie betont die Entwicklung von Entitäten im Laufe der Zeit, und das ist für biohybride Systeme besonders relevant. Biohybride Systeme können sich durch natürliche Selektion, durch den Einsatz von Gentechnik oder andere Formen der Veränderung weiterentwickeln. Zu berücksichtigen ist, wie sich das System im Laufe der Zeit verändern oder verbessern lässt und wie es sich an veränderte Umgebungen oder neue Aufgaben anpassen kann.

5.10 Die Grammatik der Ontologie biohybrider Systeme

Um biohybride Systeme zu verstehen, brauchen wir eine flexible und pluralistische Ontologie, die sowohl die physischen Komponenten des Systems als auch die dynamischen Interaktionen und Prozesse, die zwischen ihnen stattfinden, berücksichtigen kann. Eine Ontologie der Teile kann uns helfen, die physische Struktur und die Eigenschaften der Komponenten zu verstehen. Sie hilft uns nachzuvollziehen, wie verschiedene Materialien zusammengebracht und bearbeitet werden können. Eine Ontologie der Prozesse kann uns helfen, die dynamischen Interaktionen und emergenten Verhaltensweisen zu verstehen, die aus diesen Komponenten entstehen. Wenn wir diese beiden Ontologien kombinieren, können wir ein umfassenderes Verständnis von biohybriden Systemen und ihren potenziellen Anwendungen gewinnen.

Der Grundgedanke ist, dass das Verständnis einer bestimmten Art des Seins oder der Realität (Ontologie) *von der Sprache und der Grammatik abhängt*, die wir zu ihrer Beschreibung verwenden. Simondon und Cassirer argumentierten, dass die Art und Weise, in der Technologie existiert, auch eine Art des Wissens (Epistemologie) ist (Simondon 2012; Cassirer 1930; 2000). Eine solche Verbindung zwischen Ontologie und Erkenntnistheorie zeigt, dass die traditionellen Grenzen zwischen diesen beiden Bereichen der Philosophie nicht mehr gültig sind. Wie Simondon in Anlehnung an Cassirer feststellte, ist die Existenzweise der Technologie immer gleichzeitig epistemologisch. Das bedeutet, dass innerhalb einer dynamischen Ontologie der Emergenz diese Grenzen nicht mehr gelten. Aus dieser Perspektive wird Technologie als Vermittler betrachtet, der die Dinge nicht einfach nur abbildet, sondern eine grundlegende Rolle bei der Gestaltung der Realität einnimmt. Der Einfluss der Technologie wird durch die Kräfte spürbar, die sie auf andere Entitäten ausübt, sowie durch die neuen Möglichkeiten, die sie schafft. Insofern wird der Technologie, in unserem Fall dem Bio-Hybrid-Roboter, eine ontologische Bedeutung beigemessen, die auf seiner Funktionalität beruht und nicht nur auf seiner Repräsentationsfunktion. Insbesondere die Auswirkungen von Bio-Hybrid-Robotern auf andere Entitäten sowie das Entstehen neuer virtueller und tatsächlicher Realitäten tragen zu ihrer ontologischen Bedeutung als Vermittler zwischen dem biologischen und dem technischen Bereich bei.

Darüber hinaus ist es wichtig festzuhalten, dass Roboter nicht nur in größere technische Systeme, sondern auch in größere soziotechnische Systeme eingebettet sind. Dies hilft uns, die wechselseitigen Beziehungen zwischen den verschiedenen Elementen in diesen Systemen zu verstehen und zu erkennen, wie sie sich auf das menschliche Wohlbefinden und die Umwelt auswirken. Eine prozessbasierte Ontologie kann zu einem ganzheitlicheren und umfassenderen Verständnis der Welt führen und ethische Überlegungen in verschiedenen Bereichen unterfüttern.

6. Roboter, Emotionen und Ethik

Im vorherigen Kapitel habe ich untersucht, wie biohybride Organismen aus der Perspektive eines technologischen Spiels verstanden werden können. Dies führte mich dazu, die Idee einer prozessbasierten Ontologie zu untersuchen, die ein umfassenderes Verständnis der Welt bietet und ethische Überlegungen in verschiedenen Bereichen unterstützen kann. Daraus ergeben sich mehrere Schlüsselfragen, die eine weitere Untersuchung erfordern.

Eine dieser Fragen betrifft die Rolle von Sprache und Grammatik bei der Gestaltung unseres Verständnisses der Welt. Indem wir uns die Mehrsprachigkeit zu eigen machen und Elemente verschiedener Sprachen übernehmen, um die Welt zu beschreiben, erweitern wir nicht nur unser sprachliches Repertoire, sondern verändern uns in diesem Prozess auch selbst. Dieser Wandel erstreckt sich auf unsere Denk- und Sprechweise sowie auf unsere Offenheit für unterschiedliche Situationen und Erfahrungen. Gleichzeitig müssen wir auch die Sprache und Grammatik berücksichtigen, die die Objekte in einer möglichen Interaktion der Affordanz (Einladung zum Gebrauch) uns gegenüber verwenden, insbesondere im Kontext einer pluralistischen Gesellschaft.

In diesem abschließenden Kapitel möchte ich mich mit diesen beiden Themen befassen und untersuchen, inwiefern sie sich mit dem biorobotischen Objekt und seiner Beziehung zum

Menschen überschneiden. Die techno-epistemologische These, die dieser Verbindung zugrunde liegt (wie ich sie in den vorangegangenen Kapiteln entwickelt habe), lautet, dass durch diese Verbindung verschiedene Lebensformen zusammengebracht werden, während sie gleichzeitig ihre Distanz wahren und versuchen, sie als Ganzes kommunizierbar zu gestalten.

Zunächst werde ich einige Antworten auf die Frage nach der Grammatik der Emotionen untersuchen, die sich zwischen Robotern und Menschen entwickelt, und welche Auswirkungen sie auf unser Verständnis beider Entitäten hat. Dabei werde ich mich insbesondere auf die Debatte über die Möglichkeit empathischer Roboter konzentrieren. Zweitens werde ich einen Überblick über die ethischen Fragen geben, die sich aus dem biorobotischen Objekt und seiner möglichen Interaktion ergeben. Am Ende des Buches werde ich schließlich zeigen, wie sich das Bild des Menschen in das eines Übersetzers und Vermittlers zwischen verschiedenen Sprachen verwandelt hat, und dies insbesondere im Kontext einer pluralistischen Gesellschaft.

6.1 Empathie

In diesem Abschnitt stelle ich schematisch einige der grundlegenden philosophischen und theoretischen Überlegungen über die Möglichkeit einer empathischen Beziehung zwischen Robotern und Menschen vor.

6.1.1 Gefühlsansteckung bei Robotern

Die Forschung der Philosophin Catrin Misselhorn dreht sich um die Frage, ob Roboter empathische Systeme sein können, und untersucht die Möglichkeit, Roboter mit der Fähigkeit zur Empathie auszustatten (Misselhorn 2009a; 2018; 2021; 2009b;

2024). Misselhorn stützt ihre Untersuchung auf das Konzept der Homöostase lebender Systeme, das selbstkonstituierende und selbsterhaltende Eigenschaften umfasst. Nach ihrer Theorie werden lebende Organismen von Gefühlen angetrieben, die sie motivieren, eine optimale Umgebung für ihr Wohlbefinden zu schaffen. Die Philosophin argumentiert, dass ein einzelnes System, das sich auf die Selbsterhaltung konzentriert, auch das Wohlbefinden anderer Systeme in seiner Umgebung berücksichtigen muss, nicht nur das eigene.

Um empathische Fähigkeiten in Robotern zu entwickeln, schlägt Misselhorn zwei grundlegende Regeln vor, die das Verhalten empathischer Roboter bestimmen sollen. Die erste Regel ist das Streben nach einem homöostatischen Gleichgewicht für sich selbst, um ihr Wohlbefinden zu gewährleisten. Die zweite Regel besteht darin, die positiven oder negativen Emotionen anderer zu erleben, auch wenn dies nicht in der gleichen Intensität geschieht wie bei den Personen, die diese Emotionen selbst erleben. Diese Regeln sollen sicherstellen, dass Handlungen, die für den Einzelnen nachteilig sind, gleichzeitig sein Wohlbefinden mindern, während Handlungen, die dem Einzelnen nützen, als Steigerung seines Wohlbefindens wahrgenommen werden. Und sie sollen dafür sorgen, dass Handlungen, die für den Einzelnen nachteilig sind, gleichzeitig sein Wohlbefinden mindern, während Handlungen, die für andere nachteilig sind, ebenfalls als Minderung seines Wohlbefindens wahrgenommen werden. Misselhorn räumt indes ein, dass die Berücksichtigung dieser Regeln nicht ausreicht, um von echter Empathie zu sprechen, weil ihr die Elemente der Asymmetrie und des Bewusstseins für andere fehlen.

Um die Mindestanforderungen für Empathie bei Robotern zu erforschen, betrachtet Misselhorn drei Aspekte: Kongruenz zwischen den affektiven Zuständen verschiedener Individuen,

Asymmetrie bei empathischen Gefühlen und ein rudimentäres Bewusstsein, dass empathische Gefühle zu einem anderen Individuum gehören. Indem Roboter mit der Fähigkeit ausgestattet werden, Empathie zu empfinden, kann dies eine Vorstufe zu moralischem Verhalten sein. Streng genommen sollte diese Form der Empathie bei Robotern jedoch eher als eine Form der Gefühlsansteckung denn als echte Empathie angesehen werden, weil ihr eben die Elemente der Asymmetrie und des Bewusstseins für andere fehlen.

Es ist wichtig zu beachten, dass Misselhorns Argumentation davon ausgeht, Roboter könnten mit lebenden Systemen gleichgesetzt werden und sollten den gleichen Prinzipien folgen wie diese. Roboter sind jedoch von Menschenhand geschaffene Maschinen mit einem bestimmten Design und einer bestimmten Programmierung, denen die biologischen Funktionen und Emotionen von lebenden Organismen fehlen. Das Argument unterstreicht zwar die Herausforderung, eine echte empathische Beziehung zwischen Robotern und Menschen herzustellen, es wird jedoch auf der Grundlage einer möglichen Definition von Lebewesen entwickelt und dann auf nicht lebende Wesen wie Roboter angewendet.

6.1.2 Die Leiblichkeit der Empathie

Der Philosoph Thomas Fuchs präsentiert eine äußerst interessante Perspektive auf die empathische Beziehung zwischen Robotern und Menschen und konzentriert sich dabei auf die Unterscheidung zwischen empathischem Verständnis und semantischem Verständnis. Fuchs argumentiert, dass Empathie auf gegenseitiger körperlicher Resonanz beruhe, die sich auch auf unbelebte Objekte mit expressiven oder intentionalen Formen erstrecken könne. Je geringer jedoch die Ähnlichkeit zwischen einem Roboter und einem Menschen ist, desto geringer ist auch der Grad der

Empathie. Das semantische Verständnis hingegen stützt sich auf die gemeinsame Sprache im Dienste der Kommunikation und erfordert ein breiteres syntaktisches und semantisches Verständnis (Fuchs 2017; 2020b; 2024).

Fuchs behauptet, dass Roboter keine Erfahrungen besitzen und auch nicht zu empathischen Subjekten werden können. Seine Behauptung stützt er auf drei Thesen. Erstens betont er, dass Menschen andere als verkörperte Teilnehmende an einer gemeinsamen Lebenswelt wahrnehmen. Zweitens fehlt künstlichen Intelligenzsystemen und Robotern eine »lebendige Verkörperung« (Fuchs 2017; 2020b), die für diese Form der Geselligkeit unerlässlich ist. Und schließlich argumentiert Fuchs, dass die autopoietische Natur von Lebewesen, die die Fähigkeit zur Selbsterzeugung und Selbsterhaltung bedeutet, von Robotern aufgrund ihrer unzugänglichen Entwicklungsgeschichte nicht nachgebildet werden kann.

Anzumerken ist dabei, dass Fuchs' Argument die Möglichkeit ignoriert, Materialien zu verwenden, die auf die Umgebung reagieren und mit ihr interagieren. Weiche Roboter und hybride Organismen zum Beispiel verwenden Materialien, die sich durch Handlungsfähigkeit und verteilte Intelligenz auszeichnen. Diese Systeme verfügen über ein hohes Maß an Anpassungsfähigkeit und Reaktionsfähigkeit auf die Umwelt und unterstützen damit die Idee einer erweiterten Kognition. Fuchs' Argument konzentriert sich hauptsächlich auf das Fehlen einer traditionellen »lebendigen Verkörperung« bei Robotern, während diese alternativen Ansätze die enge Definition von Verkörperung infrage stellen.

Zusammenfassend bietet Fuchs eine wichtige Perspektive auf die empathische Beziehung zwischen Robotern und Menschen, wobei er zwischen empathischem und semantischem Verständnis unterscheidet. Während er dagegen argumentiert, dass Roboter über Erfahrungen verfügen oder zu empathischen Subjekten werden können, bilden alternative Ansätze, die adaptive Materialien und erweiterte Kognition einbeziehen, einen Gegenpol zu seinen Behauptungen.

6.1.3 Modellierung der Roboter-Mensch-Koordination

Die PhilosophInnen Luisa Damiano und Paul Dumouchel nähern sich der Frage der Empathie von Robotern, indem sie sich auf die Roboter-Mensch-Koordination konzentrieren und nicht auf den ontologischen Status von Robotern oder die Wahrnehmungen der BenutzerInnen (Damiano und Dumouchel 2018; Dumouchel und Damiano 2017). Sie unterscheiden zwischen zwei Forschungsansätzen in der Biorobotik. Der erste zielt darauf ab, sozial intelligente Roboter zu schaffen, die über kognitive Fähigkeiten verfügen, um menschliche soziale Fähigkeiten nachzuahmen, während der zweite sich darauf konzentriert, Roboteragenten zu bauen, die soziale Fähigkeiten gut genug simulieren, um Menschen in soziale Interaktionen einzubinden.

Damiano und Dumouchel argumentieren, dass Roboter die Schlüsselelemente der affektiven Koordinationsdynamik nachahmen können, die sich bei Mensch-Mensch- oder Mensch-Tier-Interaktionen beobachten lassen, und so zu affektiven Interakteuren oder emotionalen Agenten werden. Sie betrachten Roboter als verkörperte Modelle, die Theorien über biologische und kognitive Prozesse integrieren und als experimentelle Werkzeuge zur Untersuchung dieser Prozesse dienen. Dabei betonen sie die interaktive Dynamik zwischen Menschen und sozialen Robotern und die Rolle, die diese Maschinen in Mensch-Roboter-Beziehungen spielen können. Ihre Perspektive übersieht jedoch die Interaktion von Affordanz und Mehrsprachigkeit in der Roboter-Mensch-Interaktion. Stattdessen neigen sie dazu, wissenschaftlichen Modellen und der Monosprache den Vorrang zu geben, und vernachlässigen dabei die vielfältigen Formen und Funktionalitäten der Biorobotik sowie die Rolle der Aufforderung zur Nutzung in Subjekt-Objekt-Interaktionen.

Damianos und Dumouchels Ansatz betont die Roboter-Mensch-Koordination und die Replikation der affektiven Koordinationsdynamik in Mensch-Roboter-Interaktionen. Roboter betrachten sie als verkörperte Modelle, die die experimentelle Untersuchung biologischer und kognitiver Prozesse ermöglichen. In ihrer Perspektive fehlt jedoch die Berücksichtigung der Interaktion von Affordanzen und der Mehrsprachigkeit, die für das Verständnis der Komplexität von Mensch-Roboter-Beziehungen entscheidend sind.

6.1.4 Roboter als Bedeutungsträger

Mark Coeckelbergh bietet eine andere Perspektive auf den Komplex von Robotern, Menschen und Empathie. Er lehnt die dichotome Betrachtung von Robotern als bloße Instrumente oder Quasi-Menschen ab. Stattdessen sieht er Roboter als Wesen, die emotionale Reaktionen hervorrufen können, wenn auch nicht auf dieselbe Weise wie Menschen (Coeckelbergh 2022). Coeckelbergh unterstreicht die Rolle der Sprache und der sozialen Konstruktion bei der Gestaltung unserer Wahrnehmung von Robotern. Er betont die Verflechtung von Robotern und Menschen in kulturellen Kontexten und den Beitrag, den Technologien bei der Bedeutungsgebung leisten (Coeckelbergh 2017a; 2017c; 2011).

Coeckelbergh befasst sich jedoch nicht mit der Analyse des Übergangs von einer Sprache zur anderen (z. B. von der biologischen zur technologischen) oder dem Prozess der Übersetzbarkeit und der ihm zugrunde liegenden mehrsprachigen und prozessualen Perspektive. Dies schränkt sein Verständnis für die mögliche Familienähnlichkeit zwischen biorobotischen und menschlichen Lebensformen ein. Außerdem erkennt er zwar den interdisziplinären Charakter der sozialen Robotik und ihre Beteiligung an der Schaffung menschlicher, sozialer, kultureller und politischer Bedeutungen an, geht aber nicht auf die ethischen Fragen ein, die mit Mehrsprachigkeit und Biorobotik verbunden sind.

Coeckelberghs Perspektive fordert die instrumentelle und posthumanistische unkritische Sichtweise heraus, indem sie Roboter als Wesen positioniert, die emotionale Reaktionen hervorrufen und zur Schaffung von Bedeutungen in sozialen und kulturellen Kontexten beitragen. Es bedarf jedoch weiterer Forschung, um den Übersetzungsprozess zwischen Sprachen und die ethischen Auswirkungen der Mehrsprachigkeit im Bereich der Biorobotik zu verstehen.

6.2 Ethik und Biorobotik

Im vorherigen Abschnitt zum Problemkomplex der Empathie wurden einige Positionen zum Verständnis der möglichen Kommunikationsfähigkeit zwischen Robotern und Menschen untersucht. In diesem Abschnitt gebe ich einen Überblick über die aktuellen ethischen Probleme, die in der Biorobotik auftreten. Der Ausgangspunkt ist dabei, dass biohybride Roboter durch ihre Mehrsprachigkeit ethische Probleme berühren und erzeugen, die mit anderen Bereichen in Verbindung stehen. So überschneidet sich die Ethik der Biorobotik mit anderen Disziplinen wie der Ethik der Robotik, der Bioethik, der Umweltethik usw. Diese thematische Gemeinsamkeit eröffnet eine Reihe spezifischer Fragen und Probleme, die auf einem allgemeineren philosophischen Standpunkt zur Technologie beruhen – der Übersetzbarkeit zwischen verschiedenen Sprachen, wie sie in diesem Buch analysiert wurde. Das zentrale ethische Problem der Biorobotik ist in der Tat die Integration möglicher sprachlicher und technologischer Lebensformen und Spiele in einem organischen Kontext. Um dem/der LeserIn zu helfen, sich in dieser Debatte zurechtzufinden, wird das Thema im Folgenden in kurze Unterabschnitte gegliedert. Dort wird dann beispielhaft mit einer Frage der betreffende Problemkomplex abschließend auf den Punkt gebracht.

6.2.1 Biorobotik und Technik

Die erste Gruppe von Problemen vereint Fragen, die die Biorobotik mit anderen Technologien verbinden. Individuen, die über Autonomie, Rationalität und Verantwortung für ihre Handlungen verfügen, gelten als moralische Subjekte. Im Gegensatz dazu kann es »moralischen Patienten« an Autonomie fehlen, und sie sind nicht unbedingt in der Lage, moralische Entscheidungen zu treffen. Eine der wichtigsten Debatten im Bereich Ethik und Technologie betrifft genau diese Unterscheidung: die Untersuchung der Bedingungen und des Umfangs, unter denen wir im Kontext von technologischen Objekten und Robotern von autonomen moralischen Agenten (*moral agent*) oder moralischen Patienten (*moral patient*) sprechen können (Moor 2006; Misselhorn 2018; Loh 2019).

Was unterscheidet Roboter in der Biorobotik von anderen Formen der Technologie (sowie der Robotik) und inwieweit können sie als moralische autonome Agenten oder moralische Patienten betrachtet werden?

6.2.2 Bioroboter und KI

Die zweite Gruppe von Problemen berührt die allgemeineren ethischen Probleme der künstlichen Intelligenz. Wenn wir die Biorobotik als verkörperte künstliche Intelligenz betrachten, so ist sie Teil einer allgemeinen Debatte über die ethischen Grenzen und Möglichkeiten der künstlichen Intelligenz in unserer Gesellschaft. Die in diesem Zusammenhang diskutierten Themen sind vielfältig und betreffen die Beziehung zwischen Verantwortung und Sicherheit in einem globalen und hypervernetzten Zeitalter. Im Zentrum der Debatte steht die Möglichkeit, sicherzustellen, dass biorobotische Systeme auf verantwortungsvolle Weise entwickelt und eingesetzt werden, um Risiken für alle von ihrem Einsatz Betroffenen zu minimieren. Dabei geht es vor allem um die Rolle, die Grenzen und die Macht von Daten und maschinellem Lernen in einer Welt, in der ein Roboter lernt, sich in einer Umgebung zurechtzufinden, und um etwaige Gesetze, die zur Regulierung des Robotermarkts geschaffen werden müssen. Darüber hinaus wirft die Erfassung und Verarbeitung biologischer und persönlicher Daten in biorobotischen Systemen Fragen des Datenschutzes und der Sicherheit auf, insbesondere wenn es zu einer engen Interaktion zwischen Robotern und Organismen kommt.

Welche ethischen Herausforderungen ergeben sich aus der Überschneidung von künstlicher Intelligenz und Biorobotik, und wie können wir in einer vernetzten Welt Verantwortung, Sicherheit und Privatsphäre gewährleisten?

6.2.3 Mensch-Bioroboter-Interaktion

Bei der dritten Gruppe von ethischen Problemen dreht es sich um die Interaktion zwischen Roboter und Mensch. Dieser Komplex hat mehrere Facetten, die von einer eher intimen Dimension (Ist es ethisch legitim, Roboter zu sexuellen Zwecken einzusetzen, die eine illusionäre Beziehung schaffen, und entsprechend verwendete Roboter zum Teil einer posthumanen Gesellschaft zu machen?, Misselhorn 2021) bis zur Rolle der Roboter in der Gesellschaft reichen. In dieser Hinsicht variieren die Positionen von einem reinen Instrumentalismus (Roboter sind Maschinen und bloße Werkzeuge für menschliche Zwecke, Turkle 2011; Fuchs 2020b; Bryson 2010) bis zu einer konsequent posthumanistischen Haltung, der zufolge Roboter, Technologie, Menschen und Biologie auf der gleichen ethischen Ebene zu betrachten sind. Soziale Roboter werden hier als Teil einer posthumanistischen Ökologie oder eines Netzwerks aus Menschen und Nicht-Menschen akzeptiert (Haraway 2013). Anstelle einer dualistischen Weltanschauung, die Menschen und Dinge gegeneinander stellt und gelegentlich ausspielt, sind Menschen und Nicht-Menschen nach dieser Auffassung Teil desselben Netzwerks oder derselben Ökologie und auf verschiedene Weise miteinander verbunden.

Unsere Beziehung zu Robotern: Illusion oder Realität einer posthumanistischen Zukunft?

6.2.4 Bioroboter und Tierwelt

Mit Blick auf das Verhältnis zwischen Tieren und Robotern stellt sich das Problem der Machtverhältnisse in dieser Beziehung. Denn stets besteht die Gefahr, dass die Relation zwischen der technologischen und der natürlichen Sphäre sich als zu unausgewogen gestaltet. Eine der Fragen in diesem Zusammenhang betrifft den Einsatz von Robotern in Tierversuchen (Romano u.a. 2019). Viele TierschützerInnen lehnen die Verwendung lebender Tiere für wissenschaftliche Zwecke ab. Ähnliche Einwände könnten auch gegen den Einsatz von Robotern als Ersatz oder zur Verringerung des Einsatzes von Tieren in der Forschung vorgebracht werden.

Darüber hinaus wirft die Interaktion zwischen Robotern und Tieren Fragen hinsichtlich der Lebensqualität von Tieren auf. Wenn beispielsweise Roboter zur Pflege von Tieren eingesetzt werden, muss sichergestellt sein, dass solche Interaktionen gegenüber den Tieren positiv und respektvoll gestaltet sind und ihr natürliches Wohlbefinden und Verhalten respektiert werden. Daneben kann der Einsatz von Robotern in der Landwirtschaft ethische Fragen in Bezug auf das Wohlergehen von Nutztieren aufwerfen. Wenn zum Beispiel Roboter zum Melken von Kühen eingesetzt werden, muss sichergestellt werden, dass die Art der technischen Realisierung ethisch vertretbar und respektvoll gegenüber den Tieren ist.

Wo liegt die Grenze zwischen einer respektvollen und positiven Interaktion zwischen Biorobotern und Tieren und einem Eingriff in ihre natürliche Lebensweise und ihr Verhalten?

6.2.5 Verhältnisse zwischen biohybriden Organismen und Organismen

Indem sie eine neue Grammatik der Lebensformen darstellen, erzeugen biohybride Organismen nicht nur mit Blick auf ihre mögliche Interaktion mit Menschen, sondern auch hinsichtlich ihres Zusammenwirkens mit anderen Organismen ethische Probleme. Fragen zur Ethik der Verwendung lebender Organismen bei der Schaffung von Cyborgs, zum moralischen Status von autonomen Robotern in der Forschung sowie zu den potenziellen Folgen der Einführung von biohybriden Robotern in die Umwelt, in Organismen zu Diagnosezwecken oder zur Bereitstellung von Medikamenten machen weitreichende ethische Überlegungen erforderlich, um den Designprozess sowie die Kommunizierbarkeit zwischen dem Technischen und dem Biologischen entsprechend zu steuern.

Eröffnet die Verschmelzung von biohybriden Organismen mit dem Menschen eine neue Dimension ethischer Fragen oder reichen die in anderen Bereichen verwendeten ethischen Kategorien für ihr Betrachtung aus?

6.2.6 Nachhaltigkeit und Biodiversität

Nachhaltigkeit, biologische Vielfalt, Robotik und Ethik sind eng miteinander verknüpfte Aspekte, die bei der Entwicklung und dem Einsatz neuer Technologien berücksichtigt werden müssen. Nachhaltigkeit ist das Prinzip, Ressourcen so zu nutzen, dass dabei einerseits die Bedürfnisse der Gegenwart erfüllt werden, ohne andererseits die Fähigkeit zukünftiger Generationen zu gefährden, ihre eigenen Bedürfnisse zu erfüllen. Mit Blick auf die Robotik und verwandte technologische Entwicklungen beinhaltet Nachhaltigkeit die Minimierung der Umweltauswirkungen, die Reduzierung des Ressourcenverbrauchs und die Nutzung bzw. Förderung erneuerbarer Energiequellen. Darüber hinaus umfasst sie auch die ethischen und sozialen Dimensionen der Technologie wie z. B. die Berücksichtigung der langfristigen Folgen ihres Einsatzes und die Gewährleistung eines gerechten Zugangs zu ihr und des Nutzens durch sie für alle.

Der Begriff Biodiversität bezieht sich auf die Vielfalt der Lebensformen auf der Erde und die komplizierten ökologischen Beziehungen, die die Erhaltung der Ökosysteme gewährleisten. Beim Verständnis, der Überwachung und der Erhaltung der biologischen Vielfalt können Robotik und Technologie eine wichtige Rolle spielen. Darüber hinaus teilen Designstrategien, die sich von der Natur inspirieren lassen wie z. B. Biomimetik, Bionik, Biorobotik, das sogenannte biomimetische Versprechen des Designs, d. h. das Versprechen, dass bioinspirierte Technologien per se bessere, ökologisch angemessenere und weniger riskante technische Lösungen darstellen, indem sie sich von natürlichen Formen inspirieren lassen und diese nachahmen (von Gleich 2006; 2007; Mead und Jeanrenaud 2017; Speck u. a. 2017; MacKinnon, Oomen und Pedersen Zari 2020). Der normative Antrieb hinter der Biorobotik besteht in der Schaffung von bioinspirierten technischen Lösungen, die nachhaltig und umweltfreundlich sind. So haben etwa die WissenschaftlerInnen Goffredo Giordano, Saravana Prashanth Murali Babu und Barbara Mazzolai in einem kürzlich erschienenen Artikel festgestellt, dass die Soft-Robotik die Flexibilität, Geschicklichkeit, Biokompatibilität/Abbaubarkeit und (Re)-Programmierbarkeit weicher Materialien sowie die physische und verkörperte Intelligenz nutzen könne, um die von den Vereinten Nationen formulierten Ziele für nachhaltige Entwicklung zu erreichen (Giordano, Babu und Mazzolai 2023). Wie die WissenschaftlerInnen herausstellen, können Softroboter zur Überwachung und Wiederherstellung komplexer Umgebungen, zur Bereitstellung von Frühwarnsystemen und zur Sammlung von Informationen über Veränderungen der Artenvielfalt und des Tierverhaltens eingesetzt werden. Der Einsatz dieser Roboter ist auch für die urbane Landwirtschaft, den Schutz der Meere, den Katastrophenschutz, die Energieerzeugung und für Anwendungen im Gesundheitswesen wie der Physiotherapie und der minimalinvasiven Chirurgie denkbar.

Bei der Entwicklung und dem Einsatz von Robotersystemen in natürlichen Systemen müssen jedoch auch ethische Überlegungen berücksichtigt werden, wie sie schon hinsichtlich der Roboter-Tier-Interaktion und mit Blick auf biohybride Organismen formuliert wurden. Ethische Rahmenbedingungen, Richtlinien und Vorschriften sind hier fraglos notwendig, um die verantwortungsvolle Entwicklung, den Einsatz und die Verwendung von Robotern zu steuern.

Berücksichtigen wir Nachhaltigkeit und Artenvielfalt bei der Entwicklung von bioinspirierten Robotern in angemessener Art und Weise?

Ausblick – Homo translator

Wenn wir eine der ureigensten Aufgaben der Philosophie wahrnehmen und über die technologischen Wissenspraktiken der Biorobotik nachdenken, um wiederum Rückschlüsse auf uns selbst zu ziehen – welches Bild des Menschen ergibt sich dann? Was lässt sich über uns als Subjekte sagen, die wir Sprachen und Sprachspiele sowie Spiele der Technologie produzieren, sie beherrschen und dabei immerzu von einer in andere Dimensionen übersetzen?

Eine der wichtigsten Definitionen des Menschen in der neueren philosophischen Anthropologie ist die des *homo mimeticus*. Sofern sie den Menschen beschreibt, um den es in der Biorobotik geht, erscheint sie als äußerst treffend (Lawtoo 2019a; 2022; 2020; 2019b). Folgen wir Nidesh Lawtoo und seinem Team, so sind Menschen mimetische Tiere – sowohl Tiere als auch Menschen teilen die Fähigkeit zur Mimesis. Beide Gruppen von Organismen imitieren und reproduzieren natürliche Formen, um Darstellungen und technische Instrumente zu produzieren. Mit dieser Definition lehnt Lawtoo zugleich eine anthropozentrische Sichtweise der Technologie ab. Der Mensch ist nicht das »mass aller dinge« (Scholz und Maye 2019; Liggieri und Tamborini 2021), und es gibt keinen ursprünglichen anthropologischen Unterschied zwischen Menschen und anderen Tieren.

Wie diese Einführung gezeigt haben sollte, hat die Mimesis in der heutigen Biorobotik mehrere und ganz unterschiedliche

Bedeutungen. Die Faszination durch die Form und die Konstruktion von natürlichen Wesen wurde schon in der Herstellung früher Automaten manifest und auch von der entstehenden Robotik als Grundlage und Inspirationsquelle genutzt. Die Biorobotik bedient sich dieser Nachahmung, um verschiedenste technische und (techno-)wissenschaftliche Ziele zu erreichen. Sie scheint damit jedoch das wichtigste Merkmal der biorobotischen Aktivität und des Menschen als Produzent von bioinspirierten Robotern nicht zu erfassen und kann uns daher kaum Auskunft über das Wesen des Menschen geben, der an dieser Produktion beteiligt ist.

Dem philosophischen Grundverständnis folgend, das in diesem Buch entwickelt wurde, spielt der Mensch eine entscheidende Rolle als Übersetzer, der als Vermittler zwischen der Sprache der natürlichen Formen und dem Bereich der Technologie agiert. Dieser Akt der Übersetzung erfordert sorgfältige Abwägungen und Entscheidungsfindungen, da schließlich der Mensch bestimmt, welche Aspekte der Natur in den technologischen Bereich aufgenommen werden sollen. Indem er sich auf diesen Prozess einlässt, überwindet der Mensch die Grenzen einer anthropomorphen und anthropozentrischen Perspektive. Er positioniert sich nicht mehr als alleiniger Schiedsrichter oder als Maß aller Dinge, sondern erkennt seine Verbundenheit mit der natürlichen Welt an und stellt sich selbst auf eine Stufe mit anderen Organismen. Der Mensch versucht die Sprache der natürlichen Formen zu verstehen, ohne sie zu reduzieren. So wird er zum *homo translator*. Er bringt verschiedene Lebensformen zusammen, während er ihre Distanz zueinander respektiert und nach ihrer Kommunizierbarkeit als Ganzes strebt (Tamborini 2023a).

Durch den Akt der Übersetzung ergibt sich eine bemerkenswerte Möglichkeit, ein neues ökologisches Paradigma zu schaffen, das eine ganzheitliche Integration von Mensch und Umwelt zu befördern hilft. Diese neue Perspektive stellt den vorherrschenden Anthropozentrismus infrage, der traditionell den Menschen mit seinen kognitiven und technischen Fähigkeiten in den Mittelpunkt der natürlichen Ordnung gerückt hatte. Wenn sie Nachhaltigkeit erreichen wollen, müssen die EntwicklerInnen bioinspirierter Technologie die verschiedenen Interessengruppen und Kontexte berücksichtigen, die an ihrer Anwendung beteiligt sind. Dies erfordert eine Herangehensweise, die sensibel auf lokale Kulturen, Werte und Praktiken eingeht und zugleich die potenziellen sozialen und ökologischen Auswirkungen der Technologie im Rahmen ihres technologischen Spiels berücksichtigt.

Eine solche alternative Sichtweise erfordert große Aufmerksamkeit und ein erhöhtes Verantwortungsbewusstsein in der Designpraxis, wo der transformative Prozess der Übersetzung von organischen Formen in technologische Techniken und umgekehrt stattfindet. Darüber hinaus erweitert dieser Perspektivwechsel unser Verständnis für die Möglichkeiten, die der Übersetzung von Formen innewohnen. Er erkennt an, dass der Akt der Übersetzung kein unidirektionaler Prozess ist, sondern vielmehr ein dynamischer Austausch zwischen Natur und Technologie. Die Forschung zur Soft-Robotik und ihren Materialien bekräftigt den Übergang von einem Verständnis der zentralen Kontrolle in der (Bio-)Robotik hin zu Entwürfen einer dezentralisierten Intelligenz, die in solch einem dynamischen Austausch übersetzt wird. Als Komponist und Arrangeur besitzt der Mensch die angeborene Fähigkeit, verschiedene Elemente zusammenzubringen und harmonische Kompositionen zu schaffen, die verschiedene Komponenten vereinen und ergänzen.

Die Herstellung von Biorobotern durch Technologie ist ein Beispiel für diese kreative Komposition. Sie ist das Ergebnis der menschlichen Fähigkeiten und des kooperativen Zusammenspiels von Mensch und Natur. In diesem transformativen Prozess überwindet die Natur ihre traditionelle Rolle als bloßes Gegenstück. Stattdessen wird sie zu einem aktiven Teilnehmer, der an der Seite des Menschen schöpferisch tätig ist, um gemeinsam innovative und nachhaltige Lösungen zu entwickeln.

Der Akt der Übersetzung und die daraus resultierende Integration von Mensch und Umwelt fordern uns letztlich dazu heraus, unsere Beziehung zur Natur neu zu bewerten. Es erfordert eine tiefgreifende Veränderung unserer Wahrnehmung, von der Vorstellung Abschied zu nehmen, dass wir von der natürlichen Welt getrennt oder ihr überlegen seien. Indem wir uns diese Verflechtung zu eigen machen, haben wir das Potenzial, eine Zukunft zu gestalten, in der Technologie und Natur nebeneinander bestehen und sowohl die menschliche Gesellschaft als auch das ökologische System im weiteren Sinne davon profitieren können.

Anhang

Anmerkungen

1 In diesem Band werde ich daher nicht auf jedes der vielen Themen eingehen, die sich um Robotik und Biorobotik drehen, sondern mich nur auf die kognitiven und technischen Praktiken der Biorobotik und ihre philosophischen Grundlagen konzentrieren. Für Biorobotik und Politik siehe Gunkel 2018; Gellers 2020; Coeckelbergh u.a. 2018; Haraway 2003; 2013; für Biorobotik und visuelle Kultur siehe Abnet 2020; Arenas 2010; Hall 2021; Hornyak 2006; für Biorobotik und Zukunftsvisionen siehe Bostrom 2014; Heßler und Liggieri 2020; für Biorobotik und Anthropologie siehe Liggieri, Tamborini, und Del Fabbro 2023; Liggieri und Müller 2019; Heßler und Liggieri 2020; für Biorobotik und Literatur siehe Kakoudaki 2014; Abnet 2020; für Biorobotik und die Geschichte der nicht-westlichen Wissenschaften siehe Hornyak 2006; Sone 2016.

2 Kapitel 2 beinhaltet eine starke Überarbeitung und Erweiterung von Tamborini und Datteri 2023.

3 Kapitel 3 ist eine umfassende Überarbeitung und Erweiterung von Tamborini 2023c; 2023b.

4 Wenn nicht anders angegeben, habe ich die zitierten Passagen übersetzt.

5 Zum epistemischen Status der Papiertechnologien siehe Hess und Mendelsohn 2013; Klein 2003; Tamborini 2020; 2019.

6 Wie ich im ersten Kapitel dargestellt habe, hat dies tiefe historische Wurzeln, die auf Hull und andere zurückgehen.

7 Weitere Beispiele für klassische Biorobotik-Studien finden sich in Reeve u.a. 2005; Grasso u.a. 2000; Lambrinos u.a. 2000; Webb 2002; Gravish und Lauder 2018; Tamborini 2021.

8 Siehe auch Ankeny u.a. 2011; Leonelli 2016; Chang 2017; 2012.

9 Ich stimme Chang zu, wenn er mit diesem Satz das Ziel meines Artikels und ganz allgemein der History and Philosophy of Science (HPS) formuliert: »Was ich hier vertrete, ist eine bescheidene und stückweise Praxis der naturalistischen Metaphysik, die keine großartige Sichtweise darüber vermittelt, ›wie die Welt ist‹, die sich aus a priori Überlegungen ergibt, sondern metaphysische Überzeugungen aus gut etablierten Praktiken entstehen lässt.« (Chang 2017, 182)

10 Zu diesem Punkt siehe Quine 1960.

11 Es ist wichtig, darauf hinzuweisen, dass sich in der Perspektive der Übersetzung, die ich in Anlehnung an Wittgenstein vertrete (Wilson 2015), unmöglich sagen lässt, ob eine Übersetzung per se besser ist als eine andere. Vielmehr ist der Wert jeder Übersetzung von vielen Faktoren bedingt, die auch vom Ziel und dem Kontext der Übersetzung abhängen. In Anlehnung an Gideon Toury beschränke auch ich mich darauf, über die Angemessenheit einer Übersetzung zu sprechen (Toury 1980; 2012).

12 Vgl. Eco 2016. Siehe auch Baker 2003.

13 Siehe dazu Franzini 2008; Simmel 2007; Steigerwald 2002; Voigt und Sucker 1987; Vercellone 2019; Vercellone und Tedesco 2020; Tamborini 2022b.

14 Zu den politischen und sozialen Konsequenzen verweise ich auf das letzte Kapitel dieses Buches und auch auf den klassischen Text von Donna Haraway (Haraway 2013).

15 Siehe die Forschung von Thomas Schmickl: https://www.thomasschmickl.eu/topics/ecosystem-hacking. Siehe auch Lazic u. a. 2024.

Literatur

Abaid, N., T. Bartolini, S. Macrì, und M. Porfiri. 2012. »Zebrafish responds differentially to a robotic fish of varying aspect ratio, tail beat frequency, noise, and color«. *Behav. Brain Res.* 233: 545–53. https://doi.org/10.1016/j.bbr.2012.05.047.

Abnet, Dustin A. 2020. *The American robot: A cultural history*. Chicago: University of Chicago Press.

Akiyama, Yoshitake, Kana Odaira, Keiko Sakiyama, Takayuki Hoshino, Kikuo Iwabuchi und Keisuke Morishima. 2012. »Rapidly-moving insect muscle-powered microrobot and its chemical acceleration«. *Biomedical microdevices* 14: 979–86.

Ambros, Veronika. 2009. »America Relocated: Karel Čapek's Robots between Prague, Berlin, and New York«. In *Performance, Exile and ›America‹*, herausgegeben von Yana Meerzon und Silvija Jestrovic, 134–57. Berlin: Springer.

Ankeny, Rachel, Hasok Chang, Marcel Boumans, und Mieke Boon. 2011. »Introduction: philosophy of science in practice«. *European journal for philosophy of science* 1 (3): 303.

Appiah, Clement, Christine Arndt, Katharina Siemsen, Anne Heitmann, Anne Staubitz und Christine Selhuber-Unkel. 2019. »Living materials herald a new era in soft robotics«. *Advanced Materials* 31 (36): 1807747.

Arenas, Carlos. 2010. »Cyborg Iconography: Constructing the Image of the Cyborg«. In: *Visions of the Human in Science Fiction and Cyberpunk*, herausgegeben von Marcus Leaning und Birgit Pretzsch, 235–45. London: Brill.

Aristoteles. 1987. *Physik*. Hamburg: Felix Meiner Verlag.

Ashby, William Ross. 1956. *An introduction to cybernetics*. London: Chapman & Hall.

Baedke, Jan. 2019. »O Organism, Where Art Thou? Old and New Challenges for Organism-Centered Biology«. *Journal of the History of Biology* 52 (2): 293–324.

Baker, Mona, Hrsg. 2003. *Routledge encyclopedia of translation studies.* London: Routledge.

Barmak, Rafael, Martin Stefanec, Daniel N. Hofstadler, Louis Piotet, Stefan Schönwetter-Fuchs-Schistek, Francesco Mondada, Thomas Schmickl und Rob Mills. o.J. »A robotic honeycomb for interaction with a honeybee colony«. *Science Robotics* 8 (76): eadd7385. https://doi.org/10.1126/scirobotics.add7385.

Battifoglia, Enrica. 2019. *Leonardo scienziato: Macchine, invenzioni e curiosità di un genio normale.* Milano: Hoepli.

Beer, R.D., H.J. Chiel, R.D. Quinn und R.E. Ritzmann. 1998. »Biorobotic approaches to the study of motor systems«. *Curr. Opin. Neurobiol.* 8: 777–82. https://doi.org/10.1016/S0959-4388(98)80121-9.

Beer, R.D., R.D. Quinn, H.J. Chiel und R.E. Ritzmann. 1997. »Biologically inspired approaches to robotics«. *Commun. ACM* 40: 30–38. https://doi.org/10.1145/245108.245118.

Bendel, Oliver. 2018. *Pflegeroboter.* Wiesbaden: Springer Nature.

Bensaude-Vincent, Bernadette, Sacha Loeve und Alfred Nordmann. 2011. »Matters of interest: the objects of research in science and technoscience«. *Journal for general philosophy of science* 42 (2): 365–83.

Bensaude-Vincent, Bernadette, Sacha Loeve, Alfred Nordmann und Astrid Schwarz, Hrsg. 2017. *Research objects in their technological setting.* London: Routledge.

Bense, Max. 1955. »Vorwort«. In: *Denkmaschinen*, von Louis Couffignal. Stuttgart: Gustav Küpper.

Blumenberg, Hans. 1979. *Die Lesbarkeit der Welt.* Frankfurt am Main: Suhrkamp.

– 2015. *Schriften zur Technik.* Herausgegeben von Alexander Schmitz und Bernd Stiegler. Berlin: Suhrkamp Verlag.

Bostrom, Nick. 2014. *Superintelligence: Paths, Dangers, Strategies.* Oxford: Oxford University Press.

Botar, Oliver A.I., und Isabel Wünsche, Hrsg. 2017. *Biocentrism and Modernism.* Farnham: Ashgate.

Brauser, Klaus Joachim. 1966. *Die Systemphilosophie lernender Automaten in der Anwendung auf Autopiloten.* München: Oldenbourg Verlag.

Bredekamp, Horst. 2001. »Gazing hands and blind spots: Galileo as draftsman«. *Science in Context* 14 (s1): 153.

Brooks, Rodney Allen. 1999. *Cambrian Intelligence: The Early History of the New AI*. A Bradford book. Cambridge: MIT Press.

Bryson, Joanna J. 2010. »Robots should be slaves«. *Close Engagements with Artificial Companions: Key social, psychological, ethical and design issues* 8: 63–74.

Butler, Shannon R., und Esteban Fernández-Juricic. 2014. »European starlings recognize the location of robotic conspecific attention«. *Biology Letters* 10 (10): 20140665.

Canguilhem, Georges. 2007. »Maschine und Organismus«. In: *Zürcher Jahrbuch für Wissensgeschichte*, herausgegeben von David Gugerli, Michael Hagner, Michael Hampe, Barbara Orland, Philipp Sarasin und Jakob Tanner, Züricher Jahrbuch für Wissenschaftsgeschichte 3: Daten: 185–211. Zürich/Berlin: Diaphanes.

Čapek, Karel. 1922. *W.U.R., Werstands universal Robots: Utopistisches Kollektivdrama in 3 Aufzügen*. Leipzig: Cnobloch.

Cardani, Michele. 2019. »El problema de la realitat en Mach, Schlick i Cassirer: reflexions crítiques al voltant de la filosofia de la ciència i del neokantisme«. *Enrahonar. An international journal of theoretical and practical reason* 63: 81–103.

Cartwright, Nancy. 1983. *How the laws of physics lie*. Oxford: Oxford University Press.

Cassirer, Ernst. 1930. »Form und Technik«. In: *Gesammelte Werke. Hamburger Ausgabe. Band 17: Aufsätze und kleine Schriften (1927-1931)*, herausgegeben von Birgit Recki, 139–83. Hamburg: Felix Meiner Verlag.

– 2000. *Substanzbegriff und Funktionsbegriff; Untersuchungen über die Grundfragen der Erkenntniskritik*. Gesammelte Werke. Hamburg: Felix Meiner Verlag.

– 2010. *Philosophie der symbolischen Formen. Dritter Teil: Phänomenologie der Erkenntnis*. Herausgegeben von Birgit Recki und Julia Clemens. Philosophische Bibliothek. Hamburg: Felix Meiner Verlag.

Chang, Hasok. 2011. »The philosophical grammar of scientific practice«. *International Studies in the Philosophy of Science* 25 (3): 205–21.

– 2012. *Is Water H2O?* Boston Studies in the Philosophy of Science. Dordrecht: Springer Netherlands.

– 2017. »Is pluralism compatible with scientific realism?« In *The Routledge handbook of scientific realism*, herausgegeben von Juha Saatsi, 176–86. London: Routledge.
– 2022. *Realism for Realistic People*. Cambridge: Cambridge University Press.
Coeckelbergh, Mark. 2011. »You, robot: on the linguistic construction of artificial others«. *AI & society* 26 (1): 61–69.
– 2017a. »Language and technology: maps, bridges, and pathways«. *AI & society* 32 (2): 175–89.
– 2017b. *New romantic cyborgs: Romanticism, information technology, and the end of the machine*. MIT Press.
– 2017c. *Using words and things: Language and philosophy of technology*. London: Routledge.
– 2018. »Technology games: Using Wittgenstein for understanding and evaluating technology«. *Science and Engineering Ethics* 24 (5): 1503–19.
– 2019. *Moved by Machines: Performance Metaphors and Philosophy of Technology*. London: Taylor & Francis.
– 2022. »Three responses to anthropomorphism in social robotics: Towards a critical, relational, and hermeneutic approach«. *International Journal of Social Robotics* 14 (10): 2049–61.
Coeckelbergh, Mark, Janina Loh, Michael Funk, Johanna Seibt und Marco Nørskov, Hrsg. 2018. *Envisioning Robots in Society-Power, Politics, and Public Space: Proceedings of Robophilosophy 2018/TRANSOR 2018*. Bd. 311. Amsterdam: IOS Press.
Copeland, Jack. 2012. *Turing: Pioneer of the Information Age*. Oxford: Oxford University Press.
Cordeschi, Roberto. 2002. *The discovery of the artificial: Behavior, mind and machines before and beyond cybernetics*. Bd. 28. Springer Science & Business Media.
Craciun, Adriana, und Simon Schaffer. 2016. *The material cultures of Enlightenment arts and sciences*. Springer.
Da Costa, Newton C.A., und Steven French. 2003. *Science and partial truth: A unitary approach to models and scientific reasoning*. Oxford: Oxford University Press on Demand.
Damiano, Luisa, und Paul Dumouchel. 2018. »Anthropomorphism in human-robot co-evolution«. *Frontiers in psychology* 9: 468.

Damiano, Luisa, Antoine Hiolle, und Lola Cañamero. 2011. »Grounding synthetic knowledge: An epistemological framework and criteria of relevance for the synthetic exploration of life, affect and social cognition (full article)«. In: *Proceedings of the ECAL 2011: The 11th European Conference on Artificial Life. ECAL 2011: The 11th European Conference on Artificial Life*. Paris, France.

Dario, Paolo, Giulio Sandini, und Patrick Aebischer, Hrsg. 1993. *Robots and Biological Systems: Towards a New Bionics?: Proceedings of the NATO Advanced Workshop on Robots and Biological Systems, held at II Ciocco, Toscana, Italy, June 26–30, 1989*. Bd. 102. Berlin: Springer.

Datteri, Edoardo. 2017. »Biorobotics«. In: *Handbook of Model-Based Science*, herausgegeben von Lorenzo Magnani und Tommaso Bertolotti. Berlin: Springer.

– 2020a. »Interactive biorobotics«. *Synthese*, 1–19.

– 2020b. »The logic of interactive biorobotics«. *Frontiers in Bioengineering and Biotechnology* 8.

Datteri, Edoardo, T. Chaminade und Donato Romano. 2022. »Going beyond the »synthetic method«: new paradigms cross-fertilizing robotics and cognitive neuroscience«. *Front. Psychol.* 13: 1–13. https://doi.org/10.3389/fpsyg.2022.819042.

Datteri, Edoardo, und Viola Schiaffonati. 2019. »Robotic simulations, simulations of robots«. *Minds and Machines* 29 (1): 109–25.

Datteri, Edoardo, und Guglielmo Tamburrini. 2007. »Biorobotic experiments for the discovery of biological mechanisms«. *Philosophy of Science* 74 (3): 409–30.

Del Dottore, Emanuela, Alessio Mondini, Ali Sadeghi und Barbara Mazzolai. 2019. »Characterization of the growing from the tip as robot locomotion strategy«. *Frontiers in Robotics and AI* 6: 45.

Del Fabbro, Olivier. 2021. *Philosophieren mit Objekten: Gilbert Simondons prozessuale Individuationsontologie*. Frankfurt: Campus Verlag.

Devecka, Martin. 2013. »Did the Greeks believe in their robots?« *The Cambridge Classical Journal* 59: 52–69.

Dicks, Henry. 2016. »The philosophy of biomimicry«. *Philosophy & Technology* 29 (3): 223–43.

Dottore, Emanuela Del und Barbara Mazzolai. 2023. »Perspectives on Computation in Plants«. *Artificial Life*, 1–15.

Dumouchel, Paul und Luisa Damiano. 2017. *Living with robots*. Cambridge: Harvard University Press.

Dupuy, Jean-Pierre. 2000. *The Mechanization of the Mind. On the Origins of Cognitive Science*. Cambridge: MIT Press.

Eco, Umberto. 2016. *Dire quasi la stessa cosa*. Milano: Bompiani.

Elliott-Graves, Alkistis, und Michael Weisberg. 2014. »Idealization«. *Philosophy Compass* 9 (3): 176–85.

Esposito, Maurizio. 2016. *Romantic biology, 1890–1945*. London; New York: Routledge.

Estrada, Matthew A., Stefano Mintchev, David L. Christensen, Mark R. Cutkosky, und Dario Floreano. 2018. »Forceful manipulation with micro air vehicles«. *Science Robotics* 3 (23).

Fehrenbach, Frank. 2019. *Leonardo da Vinci: der Impetus der Bilder*. Berlin: Matthes & Seitz.

Floridi, Luciano. 2020a. *Il verde e il blu: Idee ingenue per migliorare la politica*. Raffaello Cortina Editore.

– 2020b. »What the near future of artificial intelligence could be«. In: *The 2019 Yearbook of the Digital Ethics Lab*, 127–42. Springer.

Fraassen, Bas C. van. 1980. *The scientific image*. Oxford University Press.

Francé, Raoul Heinrich. 1920. *Die Pflanze als Erfinder*. Stuttgart: Kosmos, Gesellschaft der Naturfreunde.

– 1923. *Bios. Die Gesetze der Welt. Zweiter Band*. Stuttgart, Heilbronn: Seifert.

– 1928. *Der Organismus: Organisation und Leben der Zelle*. München: Drei Masken-Verlag.

– 1939. *Die Waage des Lebens: eine Bilanz der Kultur*. Leipzig: Alfred Kröner Verlag.

Franzini, Elio. 1987. *Il mito di Leonardo*. Milano: Unicopli.

– 2008. »I simboli e l'invisibile«. *Figure e forme del pensiero simbolico*, Milano: Il Saggiatore.

Frazier, P. Adrian, Lorenzo Jamone, Kaspar Althoefer und Paco Calvo. 2020. »Plant bioinspired ecological robotics«. *Frontiers in Robotics and AI* 7: 79.

French, S., und J. Ladyman. 2003. »Remodelling structural realism: Quantum physics and the metaphysics of structure«. *Synthese* 13: 103–21.

Fuchs, Thomas. 2017. *Ecology of the brain: The phenomenology and biology of the embodied mind*. Oxford University Press.

– 2020a. »The circularity of the embodied mind«. *Frontiers in psychology* 11: 1707.
– 2020b. *Verteidigung des Menschen: Grundfragen einer verkörperten Anthropologie*. Berlin: Suhrkamp.
– 2024. »Sophia verstehen? Menschliche Interaktion mit künstlichen Systemen«. In: *Philosophie der Bio-Robotik*, herausgegeben von Marco Tamborini. Hamburg: Felix Meiner Verlag.
Füchslin, Rudolf M., Andrej Dzyakanchuk, Dandolo Flumini, Helmut Hauser, Kenneth J. Hunt, Rolf H. Luchsinger, Benedikt Reller, Stephan Scheidegger, und Richard Walker. 2013. »Morphological computation and morphological control: steps toward a formal theory and applications«. *Artificial life* 19 (1): 9–34.
Fukuyama, Francis. 2002. *Our Posthuman Future: Consequences of the Biotechnology Revolution*. New York: Profile Books Ltd.
Gallentine, James, Michael B. Wooten, Marc Thielen, Ian D. Walker, Thomas Speck, und Karl Niklas. 2020. »Searching and intertwining: Climbing plants and GrowBots«. *Frontiers in Robotics and AI* 7: 118.
Geiszler, Lukas. 2024. »Automatenbau zwischen Illusion und Imitation. Zur Debatte um den Modellcharakter von (Körper-)Automaten«. In: *Philosophie der Bio-Robotik*, herausgegeben von Marco Tamborini. Hamburg: Felix Meiner Verlag.
Gellers, Joshua C. 2020. *Rights for robots: artificial intelligence, animal and environmental law (edition 1)*. London: Routledge.
Giere, Ronald N. 2010. *Explaining science: A cognitive approach*. Chicago: University of Chicago Press.
Giordano, Goffredo, Saravana Prashanth Murali Babu und Barbara Mazzolai. 2023. »Soft robotics towards sustainable development goals and climate actions«. *Frontiers in Robotics and AI* 10.
Gisinger, Christoph. 2018. »Pflegeroboter aus Sicht der Geriatrie«. *Pflegeroboter*, 113–24.
Gleich, Arnim von. 2006. »Bionik: Vorbild Natur – Möglichkeiten und Grenzen einer leitbildorientierten Technikgestaltung«. *Ökologisches Wirtschaften* 1: 45–50.
– 2007. »Das bionische Versprechen – ist die Bionik so gut wie ihr Ruf?« *Ökologisches Wirtschaften* 3: 21–23.
Goethe, Johann Wolfgang von. 1817. *Maximen und Reflexionen*. Werke, Hamburger Ausgabe. München: Deutscher Taschenbuch Verlag.

Grasso, Frank W. 2002. »Flow and Chemo-Sense for Robot and Lobster Guidance in Tracking Chemical Sources in Turbulence«. In: *Neurotechnology for Biomimetic Robots*, herausgegeben von Joseph Ayers, Joel L. Davis und Alan Rudolph. Cambridge: MIT Press.

Grasso, Frank W., Thomas R. Consi, David C. Mountain und Jelle Atema. 2000. »Biomimetic robot lobster performs chemo-orientation in turbulence using a pair of spatially separated sensors: Progress and challenges«. *Robotics and Autonomous Systems* 30 (1–2): 115–31.

Gravish, Nick, und George V. Lauder. 2018. »Robotics-inspired biology«. *Journal of Experimental Biology* 221 (7).

Guix, Maria, Rafael Mestre, Tania Patiño, Marco De Corato, Judith Fuentes, Giulia Zarpellon und Samuel Sánchez. 2021. »Biohybrid soft robots with self-stimulating skeletons«. *Science Robotics* 6 (53): eabe7577.

Gunkel, David J. 2018. *Robot rights*. Cambridge: MIT Press.

Günther, Gotthard. 1963. *Das Bewusstsein der Maschinen. Eine Metaphysik der Kybernetik*. Krefeld, Baden-Baden: Agis.

Hacking, Ian. 1983. *Representing and intervening: Introductory topics in the philosophy of natural science*. Cambridge: Cambridge University Press.

Hall, Richard A. 2021. *Robots in Popular Culture: Androids and Cyborgs in the American Imagination*. Santa Barbara: ABC-CLIO.

Halloy, José, Francesco Mondada, Serge Kernbach und Thomas Schmickl. 2013. »Towards bio-hybrid systems made of social animals and robots«. In: *Biomimetic and Biohybrid Systems. Living Machines 2013. Lecture Notes in Computer Science,* herausgegeben von Nathan F. Lepora, Anna Mura, Holger G. Krapp, Paul F.M. J. Verschure und Tony J. Prescott, 384–86. Berlin: Springer.

Haraway, Donna Jeanne. 2003. *The companion species manifesto: Dogs, people, and significant otherness*. Chicago: Prickly Paradigm Press.

– 2013. »A cyborg manifesto: Science, technology, and socialist-feminism in the late twentieth century«. In: *The transgender studies reader*, 103–18. London: Routledge.

Harrison, David, Wiktor Rorot und Urte Laukaityte. 2022. »Mind the matter: Active matter, soft robotics, and the making of bio-inspired artificial intelligence«. *Frontiers in Neurorobotics*, 252.

Hauser, Helmut, Auke J. Ijspeert, Rudolf M. Füchslin, Rolf Pfeifer und Wolfgang Maass. 2012. »The role of feedback in morphological computation with compliant bodies«. *Biological Cybernetics* 106 (10): 595–613. https://doi.org/10.1007/s00422-012-0516-4.

Hauser, Helmut, Hidenobu Sumioka, Rudolf M. Füchslin und Rolf Pfeifer. 2013. »Introduction to the special issue on morphological computation«. *Artificial Life* 19 (1): 1–8.

Hess, Volker, und J. Andrew Mendelsohn. 2013. »Paper Technology und Wissensgeschichte«. *NTM Zeitschrift für Geschichte der Wissenschaften, Technik und Medizin* 21 (1): 1–10.

Heßler, Martina. 2020. »Technikemotionen: Einleitende Überlegungen zur historischen Ko-Konstruktion von Technik und Emotionen«. In: *Technikemotionen*, herausgegeben von Martina Heßler, 1–36. Brill Schöningh.

Heßler, Martina, und Kevin Liggieri, Hrsg. 2020. *Technikanthropologie: Handbuch für Wissenschaft und Studium*. Baden-Baden: Nomos Verlag.

Hood, Ernie. 2004. »RoboLobsters: the beauty of biomimetics.« *Environmental Health Perspectives* 112 (8): A486–89.

Hörl, Erich. 2008. »Das kybernetische Bild des Denkens«. In: *Die Transformation des Humanen. Beiträge zur Kulturgeschichte der Kybernetik*, herausgegeben von Michael Hagner und Erich Hörl. Frankfurt am Main: Suhrkamp.

Hornyak, Timothy N. 2006. *Loving the machine: The art and science of Japanese robots*. Tokyo: Kodansha International.

Hull, Clark Leonard. 1943. *Principles of behavior, an introduction to behavior theory*. New York: D. Appleton-Century Company, incorporated [1943].

Husbands, Phil, Owen Holland und Michael Wheeler. 2008. *The Mechanical Mind in History*. Cambridge: MIT Press.

Iida, Fumiya, Rolf Pfeifer, Luc Steels und Yasuo Kuniyoshi, Hrsg. 2004. *Embodied Artificial Intelligence: International Seminar, Dagstuhl Castle, Germany, July 7-11, 2003, Revised Selected Papers*. Berlin: Springer.

Innocenzi, Plinio. 2018. *The innovators behind Leonardo: the true story of the scientific and technological renaissance*. Berlin: Springer.

Jolly, L., F. Pittet, J.-P. Caudal, J.-B. Mouret, C. Houdelier, S. Lumineau, und E. De Margerie. 2016. »Animal-to-robot social attachment: initial requisites in a gallinaceous bird«. *Bioinspir. Biomim.* 11: 1. https://doi.org/10.1088/1748-3190/11/1/016007.

Kabumoto, Ken-ichiro, Takayuki Hoshino, Yoshitake Akiyama und Keisuke Morishima. 2013. »Voluntary movement controlled by the surface EMG signal for tissue-engineered skeletal muscle on a gripping tool«. *Tissue Engineering Part A* 19 (15–16): 1695–1703.

Kakoudaki, Despina. 2014. *Anatomy of a robot: Literature, cinema, and the cultural work of artificial people*. New Brunswick: Rutgers University Press.

Kant, Immanuel. 1974. *Kritik der Urteilskraft (1790)*. Berlin: Suhrkamp.

Kapp, Ernst. 1877. *Grundlinien einer Philosophie der Technik: Zur Entstehungsgeschichte der Kultur aus neuen Gesichtspunkten*. Braunschweig: Westermann.

Khosrowi, Donal. 2020. »Getting Serious about Shared Features«. *The British Journal for the Philosophy of Science* 71 (2): 523–46. https://doi.org/10.1093/bjps/axy029.

Kim, Cheol-Hu, Bongjae Choi, Dae-Gun Kim, Serin Lee, Sungho Jo und Phill-Seung Lee. 2016. »Remote Navigation of Turtle by Controlling Instinct behavior via Human Brain-computer Interface«. *Journal of Bionic Engineering* 13 (3): 491–503. https://doi.org/10.1016/S1672-6529(16)60322-0.

Kim, Sangbae, Cecilia Laschi und Barry Trimmer. 2013. »Soft robotics: a bioinspired evolution in robotics«. *Trends in biotechnology* 31 (5): 287–94.

Klein, Ursula. 2003. *Experiments, models, paper tools: Cultures of organic chemistry in the nineteenth century*. Stanford: Stanford University Press.

Krichmar, Jeffrey L. 2012. »Design principles for biologically inspired cognitive robotics«. *Biologically Inspired Cognitive Architectures* 1: 73–81.

Kurzweil, Ray. 2014. *Menschheit 2.0: die Singularität naht*. Berlin: Lola Books.

La Mettrie, Julien Offray de. 2007. *Der Mensch eine Maschine*. Stuttgart: Reclam.

Lambrinos, D., R. Möller, T. Labhart, R. Pfeifer und R. Wehner. 2000. »A mobile robot employing insect strategies for navigation«. *Robot. Auton. Syst.* 30: 39–64. https://doi.org/10.1016/S0921-8890(99)00064-0.

Langton, Christopher G. 1997. »Editor's Introduction«. In: *Artificial Life: An Overview*, herausgegeben von Christopher G. Langton. Cambridge: MIT University Press.

Laschi, Cecilia, und Barbara Mazzolai. 2021. »Bioinspired materials and approaches for soft robotics«. *Mrs Bulletin* 46: 345–49.

Latour, Bruno. 1996. *Der Berliner Schlüssel. Erkundungen eines Liebhabers der Wissenschaften*. Berlin: Akademie-Verlag.

Lawtoo, Nidesh. 2019a. »The mimetic unconscious: a mirror for genealogical reflections«.

– 2019b. »The Powers of Mimesis: Simulation, Encounters, Comic Fascism«. *Theory & Event* 22 (3): 722–46.

– 2020. »Homo mimeticus: sameness and difference replayed«. *The Leuven Philosophy Newsletter* 27: 9–21.

– 2022. »The Mimetic Condition: Theory and Concepts«. *CounterText* 8 (1).

Lazic, Dajana, und Thomas Schmickl. 2023. »Will biomimetic robots be able to change a hivemind to guide honeybees' ecosystem services?«, *Bioinspiration & Biomimetics* 18 (3): 035004.

Lazic, Dajana, Martina Szopek, Matthias Becher, Martin Stefanec, Valerin Stokanic, Daniel Nicolas Hofstadler, Laurenz Fedotoff, und Thomas Schmickl. 2024. »Biohybride Technologien zur Unterstützung von Natur und Mensch«. In: *Die Philosophie der Bio-Robotik*, herausgegeben von Marco Tamborini. Hamburg: Felix Meiner Verlag.

Lee, Jonny, und Paco Calvo. 2022. »Enacting Plant-Inspired Robotics«. *Frontiers in Neurorobotics* 15: 196.

Lee, Serin, Cheol-Hu Kim, Dae-Gun Kim, Han-Guen Kim, Phill-Seung Lee und Hyun Myung. 2013. »Remote guidance of untrained turtles by controlling voluntary instinct behavior«. *Plos one* 8 (4): e61798.

Legrand, Julie, Seppe Terryn, Ellen Roels und Bram Vanderborght. 2023. »Reconfigurable, multi-material, voxel-based soft robots«. *IEEE Robotics and Automation Letters*.

Leibniz, Gottfried Wilhelm. 1684. *Betrachtungen über die Erkenntnis, die Wahrheit und die Ideen*. Darmstadt: wbg.

Leonelli, Sabina. 2016. *Data-Centric Biology: A Philosophical Study*. Chicago: University of Chicago Press.

Liggieri, Kevin. 2014. *Zur Domestikation des Menschen*. Bd. 5. Münster: LIT Verlag.

– 2019a. »Der Mensch in der technischen Umwelt«. In: *Körper und Räume*, herausgegeben von Julia Gruevska, 43–68. Wiesbaden: Springer Fachmedien Wiesbaden.

– 2019b. »Der Mensch in der technischen Umwelt«. In: *Körper und Räume*, herausgegeben von Julia Gruevska, 43–68. Wiesbaden: Springer Fachmedien Wiesbaden. https://doi.org/10.1007/978-3-658-17481-1_4.

Liggieri, Kevin, und Oliver Müller. 2019. »Mensch-Maschine-Interaktion«. *Geschichte – Kultur – Ethik. Metzler-Handbuch.* Stuttgart/Weimar.

Liggieri, Kevin, und Marco Tamborini, Hrsg. 2021. *Organismus und Technik. Anthologie zu einem produktiven und problematischen Wechselverhältnis.* Darmstadt: wbg.

– 2022. »The Body, The Soul, The Robot: 21st-Century Monism«. *Technology and language* 3 (1): 29–39. https://doi.org/10.48417/technolang.2022.01.04.

Liggieri, Kevin, Marco Tamborini und Olivier Del Fabbro. 2023. *Technikphilosophie. Neue Perspektiven für das 21. Jahrhundert.* Darmstadt: wbg.

Lloyd, Elisabeth Anne. 1994. *The structure and confirmation of evolutionary theory.* Princeton: Princeton University Press.

Loh, Janina. 2019. *Roboterethik: Eine Einführung.* Berlin: Suhrkamp.

Ma, Zhiyun, Jieliang Zhao, Li Yu, Mengdan Yan, Lulu Liang, Xiangbing Wu, Mengdi Xu, Wenzhong Wang und Shaoze Yan. 2023. »A review of energy supply for bio-machine hybrid robots«. *Cyborg and Bionic Systems.*

Mach, Ernst. 1905. *Erkenntnis und Irrtum. Skizzen zur Psychologie der Forschung, Erstdruck.* Leipzig: Johann Ambrosius Barth.

MacKinnon, Rebecca Barbara, Jeroen Oomen und Maibritt Pedersen Zari. 2020. »Promises and presuppositions of biomimicry«. *Biomimetics* 5 (3): 33.

Majidi, Carmel. 2019. »Soft-matter engineering for soft robotics«. *Advanced Materials Technologies* 4 (2): 1800477.

Mansour, B., E. K. Carl, J. Steckel, H. Peremans, und D. Vanderelst. 2019. »Avoidance of non-localizable obstacles in echolocating bats: a robotic model«. *PLoS Comput. Biol.* 15. https://doi.org/10.1371/journal.pcbi.1007550.

Manzoni, Alessandro. 1856. *I promessi sposi, or, The betrothed.* London: Lambert.

– 1879. *Die Verlobten.* Leipzig: Bibliographisches Institut.

– 1997. *I promessi sposi.* Milano: Hoepli.

– 2015. *Los novios.* Madrid: Akal.

Margerie, E. de, S. Lumineau, C. Houdelier, und M.-A. Richard Yris. 2011. »Influence of a mobile robot on the spatial behaviour of quail chicks«. *Bioinspir. Biomim.* 6. https://doi.org/10.1088/1748-3182/6/3/034001.

Mayor, Adrienne. 2020. *Götter und Maschinen: Wie die Antike das 21. Jahrhundert erfand.* Darmstadt: wbg.

Mazzolai, Barbara, Alessio Mondini, Emanuela Del Dottore, Laura Margheri, Federico Carpi, Koichi Suzumori, Matteo Cianchetti, Thomas Speck, Stoyan K. Smoukov und Ingo Burgert. 2022. »Roadmap on soft robotics: multifunctionality, adaptability and growth without borders«. *Multifunctional Materials* 5 (3): 032001.

Mazzolai, Barbara, und Pericle Salvini. 2018. »On robots and plants: The case of the plantoid, a robotic artifact inspired by plants«. In: *Plant Ethics*, 221–30. Routledge.

Mazzolai, Barbara, Francesca Tramacere, Isabella Fiorello und Laura Margheri. 2020. »The bio-engineering approach for plant investigations and growing robots. A mini-review«. *Frontiers in Robotics and AI* 7: 573014.

McCulloch, Warren S. 2003. »Summary of the Points of Agreement Reached in the Previous Nine Conferences on Cybernetics«. In: *Cybernetics. The Macy-Conferences 1946–1953. Vol. 1. Transaction*, herausgegeben von Claus Pias. Zürich: Diaphanes.

McLaughlin, Peter. 2021. »Die Welt als Maschine: Zur Genese des neuzeitlichen Naturbegriffs«. In: *Ordnung und Organisation. Begriffsgeschichtliche Studien zu den Wissenschaften vom Leben im 18. und 19. Jahrhundert*, herausgegeben von Peter McLaughlin und Hans-Jörg Rheinberger. Rangsdorf: Basilisken-Presse.

Mead, Taryn, und Sally Jeanrenaud. 2017. »The elephant in the room: biomimetics and sustainability?« *Bioinspired, Biomimetic and Nanobiomaterials* 6 (2): 113–21.

Michelsen, A., B.B. Andersen, J. Storm, W.H. Kirchner, und M. Lindauer. 1992. »How honeybees perceive communication dances, studied by means of a mechanical model«. *Behav. Ecol. Sociobiol.* 30: 143–50. https://doi.org/10.1007/BF00166696.

Misselhorn, Catrin. 2009a. »Empathy and Dyspathy with Androids: Philosophical, Fictional and (Neuro) Psychological Perspectives«.

– 2009b. »Empathy with inanimate objects and the uncanny valley«. *Minds and Machines* 19: 345–59.

– 2018. *Grundfragen der Maschinenethik*. Stuttgart: Reclam Verlag.
– 2021. *Künstliche Intelligenz und Empathie. Vom Leben mit Emotionserkennung, Sexrobotern & Co*. Stuttgart: Reclam Verlag.
– 2024. »Artifizielle Empathie auf dem Weg zur Biorobotik«. In: *Philosophie der Bio-Robotik*, herausgegeben von Marco Tamborini. Hamburg: Felix Meiner Verlag.
Moffatt, Constance, und Sara Taglialagamba, Hrsg. 2019. *Leonardo da Vinci – Nature and Architecture*. Leiden: Brill.
Moon, Francis C. 2007. *The Machines of Leonardo Da Vinci and Franz Reuleaux: Kinematics of Machines from the Renaissance to the 20th Century*. Dordrecht: Springer.
Moor, James H. 2006. »The Nature, Importance, and Difficulty of Machine Ethics«. *IEEE Intelligent Systems* 21 (4): 18–21.
Moravec, Hans. 1999. *Robot: Mere Machine to Transcendent Mind*. Oxford: Oxford University Press.
Müller, Vincent C., und Matej Hoffmann. 2017. »What is morphological computation? On how the body contributes to cognition and control«. *Artificial life* 23 (1): 1–24.
Murphy, Robin R. 2019. *Introduction to AI robotics*. Cambridge: MIT press.
Nakajima, Kohei, Helmut Hauser, Tao Li und Rolf Pfeifer. 2015. »Information processing via physical soft body«. *Scientific reports* 5 (1): 10487.
Nicholson, Daniel J. 2014. »The return of the organism as a fundamental explanatory concept in biology«. *Philosophy Compass* 9 (5): 347–59.
Nicholson, Daniel J., und John Dupré. 2018. *Everything Flows: Towards a Processual Philosophy of Biology*. Oxford: Oxford University Press.
Nicholson, Daniel J., und Richard Gawne. 2015. »Neither logical empiricism nor vitalism, but organicism: what the philosophy of biology was«. *History and philosophy of the life sciences* 37 (4): 345–81.
Niku, Saeed B. 2020. *Introduction to robotics: analysis, control, applications*. New York: John Wiley & Sons.
Nord, Christiane. 1997. *Translating as a Purposeful Activity: Functionalist Approaches Explained*. Manchester: St Jerome.
Nordmann, Alfred. 2006. »Collapse of distance: epistemic strategies of science and technoscience«. *Danish Yearbook of Philosophy*, Nr. 41: 7–34.

– 2012. »Im Blickwinkel der Technik: Neue Verhältnisse von Wissenschaftstheorie und Wissenschaftsgeschichte«. *Berichte zur Wissenschaftsgeschichte* 35 (3): 200–216.
– 2020. »The Grammar of Things«. *»Technology and language«* (Технологии в инфосфере) 1 (1): 85–90.
– 2023. »Philosophy of Multilingualism and Technology: From Representation to Accommodation«.
Nordmann, Alfred, Bernadette Bensaude-Vincent und Astrid Schwarz. 2011. »Science vs. Technoscience«. *A Primer. Version* 2.
Nyakatura, John. 2016. »Learning to move on land.« *Science* 353 (6295): 120–21.
Nyakatura, John A., Kamilo Melo, Tomislav Horvat, Kostas Karakasiliotis, Vivian R. Allen, Amir Andikfar, Emanuel Andrada, u.a. 2019. »Reverse-engineering the locomotion of a stem amniote«. *Nature* 565 (7739): 351.
Owaki, Dai, Volker Dürr und Josef Schmitz. 2023. »A hierarchical model for external electrical control of an insect, accounting for inter-individual variation of muscle force properties«. *Elife* 12: e85275.
Panizza, Silvia. 2018. »Wittgenstein«. In: *The Routledge handbook of translation and philosophy*, herausgegeben von J. Piers Rawling und Philip Wilson. London: Routledge.
Park, Sung-Jin, Mattia Gazzola, Kyung Soo Park, Shirley Park, Valentina Di Santo, Erin L. Blevins, Johan U. Lind, Patrick H. Campbell, Stephanie Dauth und Andrew K Capulli. 2016. »Phototactic guidance of a tissue-engineered soft-robotic ray«. *Science* 353 (6295): 158–62.
Parker, Wendy S. 2015. »Getting (even more) serious about similarity«. *Biology & Philosophy* 30 (2): 267–76.
Peng, Yong, Yunhui Wu, Yulin Yang, Runan Huang, Changqi Wu, Xiaowen Qi, Zhe Liu, Bin Jiang und Yingjie Liu. 2011. »Study on the control of biological behavior on carp induced by electrophysiological stimulation in the corpus cerebelli«. In: *Proceedings of 2011 International Conference on Electronic & Mechanical Engineering and Information Technology*, Harbin, China, 2011.
Pfeifer, Rolf, und Josh Bongard. 2006. *How the body shapes the way we think: a new view of intelligence*. Cambridge: MIT Press.

Pfeifer, Rolf, Max Lungarella, und Fumiya Iida. 2007. »Self-organization, embodiment, and biologically inspired robotics«. *Science* 318 (5853): 1088–93.

Phamduy, P., G. Polverino, R. C. Fuller und M. Porfiri. 2014. »Fish and robot dancing together: bluefin killifish females respond differently to the courtship of a robot with varying color morphs«. *Bioinspir. Biomim.* 9: 3. https://doi.org/10.1088/1748-3182/9/3/036021.

Potochnik, Angela. 2017. *Idealization and the Aims of Science.* Chicago: University of Chicago Press.

Poznic, Michael. 2016. »Modeling organs with organs on chips: Scientific representation and engineering design as modeling relations«. *Philosophy & Technology* 29 (4): 357–71.

Quine, Willard Van Orman. 1960. *Word and Object.* Cambridge: MIT University Press.

Reeve, R., B. Webb, A. Horchler, G. Indiveri und R. Quinn. 2005. »New technologies for testing a model of cricket phonotaxis on an outdoor robot«. *Robot. Auton. Syst.* 51: 41–54. https://doi.org/10.1016/j.robot.2004.08.010.

Ren, Ziyu, Wenqi Hu, Xiaoguang Dong und Metin Sitti. 2019. »Multi-functional soft-bodied jellyfish-like swimming«. *Nature communications* 10 (1): 2703.

Rijssenbeek, J., V. Blok und Z. Robaey. 2022. »Metabolism instead of machine: towards an ontology of hybrids«. *Phil. Technol.* 35: 56. https://doi.org/10.1007/s13347-022-00554-y.

Riskin, Jessica. 2003a. »Eighteenth-century wetware«. *Representations* 83 (1): 97–125.

– 2003b. »The defecating duck, or, the ambiguous origins of artificial life«. *Critical inquiry* 29 (4): 599–633.

– 2016. *The restless clock: A history of the centuries-long argument over what makes living things tick.* Chicago: University of Chicago Press.

Romano, Donato. 2023. »The beehive of the future is a robot socially interacting with honeybees«. *Science Robotics* 8 (76): eadh1824.

Romano, Donato, Giovanni Benelli und Cesare Stefanini. 2019. »Encoding lateralization of jump kinematics and eye use in a locust via bio-robotic artifacts«. *Journal of Experimental Biology* 222 (2).

Romano, Donato, Elisa Donati, Giovanni Benelli und Cesare Stefanini. 2019. »A review on animal–robot interaction: from bio-hybrid organisms to mixed societies«. *Biological cybernetics* 113 (3): 201–25.

Romano, Donato, und Cesare Stefanini. 2021. »Unveiling social distancing mechanisms via a fish-robot hybrid interaction«. *Biological Cybernetics*, 1–9.

Ross, Thomas. 1935. »Machines that think. A further statement«,. *Psychological Review* 42: 387–93.

Ruberto, T., V. Mwaffo, S. Singh, D. Neri, und M. Porfiri. 2016. »Zebrafish response to a robotic replica in three dimensions«. *R. Soc. Open Sci.* 3 160505. https://doi.org/10.1098/rsos.160505.

Sachyani Keneth, Ela, Alexander Kamyshny, Massimo Totaro, Lucia Beccai und Shlomo Magdassi. 2021. »3D printing materials for soft robotics«. *Advanced Materials* 33 (19): 2003387.

Sadeghi, Ali, Emanuela Del Dottore, Alessio Mondini und Barbara Mazzolai. 2020. »Passive morphological adaptation for obstacle avoidance in a self-growing robot produced by additive manufacturing«. *Soft robotics* 7 (1): 85–94.

Sadeghi, Ali, Alessio Mondini, Emanuela Del Dottore, Virgilio Mattoli, Lucia Beccai, Silvia Taccola, Chiara Lucarotti, Massimo Totaro und Barbara Mazzolai. 2016. »A plant-inspired robot with soft differential bending capabilities«. *Bioinspiration & biomimetics* 12 (1): 015001.

Schlick, Moritz. 1938. »Form and Content. An Introduction to Philosophical Thinking«. In: *Gesammelte Aufsatze, 1926-1936*. Wien: Gerold.

Schmidt, Hermann. 1953. »Die Regelungstechnik im Rahmen unseres Gesamtwissens«. *Regelungstechnik* 8: 181–83.

Scholz, Leander, und Harun Maye, Hrsg. 2019. *Ernst Kapp und die Anthropologie der Medien*. Berlin: Kaleidogramme. http://d-nb.info/1179249674/04.

Shah, Dylan, Bilige Yang, Sam Kriegman, Michael Levin, Josh Bongard und Rebecca Kramer-Bottiglio. 2021. »Shape changing robots: bioinspiration, simulation, and physical realization«. *Advanced Materials* 33 (19): 2002882.

Shintake, Jun, Vito Cacucciolo, Herbert Shea und Dario Floreano. 2018. »Soft biomimetic fish robot made of dielectric elastomer actuators«. *Soft robotics* 5 (4): 466–74.

Simmel, Georg. 2007. »Kant and Goethe: On the history of the modern weltanschauung«. *Theory, Culture & Society* 24 (6): 159–91.

Simondon, Gilbert. 2012. *Die Existenzweise technischer Objekte*. Zürich: Diaphanes.

Singh, Ajay Vikram, Zeinab Hosseinidoust, Byung-Wook Park, Oncay Yasa und Metin Sitti. 2017. »Microemulsion-based soft bacteria-driven microswimmers for active cargo delivery«. *ACS nano* 11 (10): 9759–69.

Soler, Léna, Sjoerd Zwart, Michael Lynch und Vincent Israel-Jost, Hrsg. 2014. *Science after the practice turn in the philosophy, history, and social studies of science*. Abingdon and New York: Routledge.

Sone, Yuji. 2016. *Japanese robot culture*. Berlin: Springer.

Speck, Olga, David Speck, Rafael Horn, Johannes Gantner und Klaus Peter Sedlbauer. 2017. »Biomimetic bio-inspired biomorph sustainable? An attempt to classify and clarify biology-derived technical developments«. *Bioinspiration & Biomimetics* 12 (1): 011004.

Stadler, Friedrich. 2019. *Ernst Mach – Zu Leben, Werk und Wirkung*. Berlin: Springer.

Stefanec, Martin, Daniel N. Hofstadler, Tomáš Krajník, Ali Emre Turgut, Hande Alemdar, Barry Lennox, Erol Şahin, Farshad Arvin, und Thomas Schmickl. 2022. »A Minimally Invasive Approach Towards ›Ecosystem Hacking‹ with Honeybees«. *Frontiers in Robotics and AI* 9.

Steigerwald, Joan. 2002. »Goethe's morphology: Urphänomene and aesthetic appraisal«. *Journal of the History of Biology* 35 (2): 291–328.

Sun, Lingyu, Yunru Yu, Zhuoyue Chen, Feika Bian, Fangfu Ye, Lingyun Sun und Yuanjin Zhao. 2020. »Biohybrid robotics with living cell actuation«. *Chemical Society Reviews* 49 (12): 4043–69.

Suppes, Patrick. 1960. »Models of data«. In: *Logic, methodology and the philosophy of science: Proceedings of the 1960 international congress*, herausgegeben von Ernest Nagel, Patrick Suppes und Alfred Tarski, 251–61. Stanford: Stanford University Press.

Tamborini, Marco. 2019. »Umwelt und organische Form: Technowissenschaftlicher Zugang zur Historizität der Evolution«. In: *Jahrbuch der Technikphilosophie 2019*, herausgegeben von Alexander Friedrich, Petra Gehring, Christoph Hubig, Andreas Kaminski und Alfred Nordmann, 122–45. Baden-Baden: Nomos.

– 2020. »Technoscientific Approaches to Deep Time«. *Studies in History and Philosophy of Science Part A* 79 (1): 57–67. https://doi.org/10.1016/j.shpsa.2019.03.002.
– 2021. »The Material Turn in The Study of Form: From Bio-Inspired Robots to Robotics-Inspired Morphology«. *Perspectives on Science* 29 (5): 643–65. https://doi.org/10.1162/posc_a_00388.
– 2022a. *Entgrenzung. Die Biologisierung der Technik und die Technisierung der Biologie*. Hamburg: Felix Meiner Verlag.
– 2022b. *The Architecture of Evolution: The Science of Form in Twentieth-Century Evolutionary Biology*. Pittsburgh: University of Pittsburgh Press.
– 2022c. »The Circulation of Morphological Knowledge: Understanding ›Form‹ across Disciplines in the Twentieth and Twenty-First Centuries«. *Isis* 4 (113). https://doi.org/10.1086/722439.
– 2023a. »Form, die Biorobotik und der Mensch: Eine pluralistische Auffassung«. In: *Homo technologicus: Menschenbilder in den Technikwissenschaften des 21. Jahrhunderts*, herausgegeben von Kevin Liggieri und Marco Tamborini, 131–43. Stuttgart: Metzler Verlag.
– 2023b. »Philosophie der Bionik: Das Komponieren von bio-robotischen Formen«. *Deutsche Zeitschrift für Philosophie* 71 (1). https://doi.org/10.1515/dzph-2023-0002.
– 2023c. »The Elephant in the Room: The Biomimetic Principle in Bio-Robotics and Embodied AI«. *Studies in History and Philosophy of Science* 97: 13–19. https://doi.org/10.1016/j.shpsa.2022.11.007.
– Hrsg. 2024. *Philosophie der Bio-Robotik*. Hamburg: Felix Meiner Verlag.
Tamborini, Marco, und Edoardo Datteri. 2023. »Is biorobotics science? Some theoretical reflections«. *Bioinspiration & Biomimetics* 18 (1): 015005. https://doi.org/10.1088/1748-3190/aca24b.
Tanaka, Yo, Kae Sato, Tatsuya Shimizu, Masayuki Yamato, Teruo Okano und Takehiko Kitamori. 2007. »A micro-spherical heart pump powered by cultured cardiomyocytes«. *Lab on a Chip* 7 (2): 207–12.
Thompson, Evan. 2005. »Sensorimotor subjectivity and the enactive approach to experience«. *Phenomenology and the cognitive sciences* 4 (4): 407–27.
Toepfer, Georg. 2011. *Historisches Wörterbuch der Biologie*. Heidelberg: Springer.

Tosco, Carlo. 2019. »Animali, automi e bizzarrie nei giardini medievali«. In: *Animali figurati. Teoria e rappresentazione del mondo animale dal Medioevo all'età moderna*, herausgegeben von Stefano Riccioni und Luigi Perissinotto, 219–34. Roma: Viella.

Toury, Gideon. 1980. *In Search of a Theory of Translation*. Tel Aviv: Porter Institute for Poetics and Semiotics.

– 2012. *Descriptive Translation Studies and Beyond*. Amsterdam: John Betjeman.

Truitt, Elly Rachel. 2015. »Medieval robots«. In: *Medieval Robots*. University of Pennsylvania Press.

– 2020. »Artificial and Augmented Intelligence before AI«. In: *AI Narratives: A History of Imaginative Thinking about Intelligent Machines*, herausgegeben von Stephen Cave, Kanta Dihal, und Sarah Dillon. Oxford: Oxford University Press.

Trullier, Olivier, Sidney I. Wiener, Alain Berthoz und Jean-Arcady Meyer. 1997. »Biologically based artificial navigation systems: Review and prospects«. *Progress in neurobiology* 51 (5): 483–544.

Turkle, Sherry. 2011. *Alone Together: Why We Expect More from Technology and Less from Each Other*. New York: Basic Books.

Uexküll, Jakob von. 1956. *Bedeutungslehre*. Hamburg: Rowohlt.

Van Eck, Dingmar. 2016. *The philosophy of science and engineering design*. Springer.

Vasari, Giorgio. 1886. *Le vite de più Eccellenti pittori, scultori e architetti*. Firenze: Barbera.

– 2020. *Lebensläufe der berühmtesten Maler, Bildhauer und Architekten*. München: Manesse Verlag.

Vercellone, Federico. 2019. *Le ragioni della forma*. Milano: Mimesis.

Vercellone, Federico, und Salvatore Tedesco. 2020. *Glossary of Morphology*. Heidelberg: Springer.

Voigt, Wolfram, und Ulrich Sucker. 1987. *Johann Wolfgang von Goethe als Naturwissenschaftler*. Wiesbaden: Vieweg + Teubner Verlag.

Vollgraff, Matthew. 2021. »The Library of Life. Biological Connections in Mies's Collection«. In *Lehmbruck - Kolbe - Mies van der Rohe: Künstliche Biotope / Artificial Biotopes*, herausgegeben von Sylvia Martin und Julia Wallner. München: Hirmer Verlag.

Vollgraff, Matthew, und Marco Tamborini. 2023. »Biotechnics and politics: A genealogy of nonhuman technology«. *History of Science* Online first. https://doi.org/10.1177/00732753231187676.
Voskuhl, Adelheid. 2013. *Androids in the Enlightenment.* Chicago: University of Chicago Press.
Webb, B. 2002. »Robots in invertebrate neuroscience«. *Nature* 417: 359–63. https://doi.org/10.1038/417359a.
Webb, B., und T. R. Consi, Hrsg. 2001. *Biorobotics: Methods and Applications.* MIT Press.
Webster-Wood, Victoria A., Maria Guix, Nicole W. Xu, Bahareh Behkam, Hirotaka Sato, Deblina Sarkar, Samuel Sanchez, Masahiro Shimizu, und Kevin Kit Parker. 2022. »Biohybrid robots: recent progress, challenges, and perspectives«. *Bioinspiration & Biomimetics.*
Weisberg, Michael. 2007. »Three kinds of idealization«. *The journal of Philosophy* 104 (12): 639–59.
– 2012. »Getting serious about similarity«. *Philosophy of Science* 79 (5): 785–94.
– 2013. *Simulation and Similarity: Using Models to Understand the World.* Oxford: Oxford University Press.
Whitney, Elspeth. 2016. »E. R. Truitt. Medieval Robots: Mechanism, Magic, Nature, and Art.« *The American Historical Review* 121 (4): 1351–52. https://doi.org/10.1093/ahr/121.4.1351.
Wiener, Norbert. 1948. *Cybernetics: or Control and Communication in the Animal and the Machine.* Cambridge: MIT Press.
Wilson, Philip. 2015. *Translation after Wittgenstein.* London: Routledge.
Winfield, Alan. 2012. *Robotics: A very short introduction.* Oxford: Oxford University Press.
Wittgenstein, Ludwig. 1921. *Tractatus logico-philosophicus.* Frankfurt am Main: Suhrkamp.
– 2009. *Philosophische Untersuchungen = Philosophical investigations / Ludwig Wittgenstein.* Rev. 4th ed. / by P.M.S. Hacker and Joachim Schulte. Philosophical investigations. Chichester: Wiley-Blackwell.
Xi, Jianzhong, Jacob J. Schmidt, und Carlo D. Montemagno. 2005. »Self-assembled microdevices driven by muscle«. *Nature materials* 4 (2): 180–84.
Xiloyannis, Michele, Ryan Alicea, Anna-Maria Georgarakis, Florian L. Haufe, Peter Wolf, Lorenzo Masia und Robert Riener. 2021. »Soft Ro-

botic Suits: State of the Art, Core Technologies, and Open Challenges«. *IEEE Transactions on Robotics.*

Xu, Bingzhe, Xiaomin Han, Yuwei Hu, Yiming Luo, Chia-Hung Chen, Zi Chen und Peng Shi. 2019. »A remotely controlled transformable soft robot based on engineered cardiac tissue construct«. *Small* 15 (18): 1900006.

Xu, Nicole W., James P Townsend, John H. Costello, Sean P. Colin, Brad J. Gemmell und John O. Dabiri. 2021. »Developing biohybrid robotic jellyfish (Aurelia aurita) for free-swimming tests in the laboratory and in the field«. *Bio-protocol* 11 (7): e3974–e3974.

Yaghmaie, Aboutorab. 2021. »Scientific modeling versus engineering modeling: similarities and dissimilarities«. *Journal for General Philosophy of Science* 52 (3): 455–74.

Yasa, Oncay, Pelin Erkoc, Yunus Alapan und Metin Sitti. 2018. »Microalga-powered microswimmers toward active cargo delivery«. *Advanced Materials* 30 (45): 1804130.

Yasa, Oncay, Yasunori Toshimitsu, Mike Y. Michelis, Lewis S. Jones, Miriam Filippi, Thomas Buchner, und Robert K. Katzschmann. 2022. »An Overview of Soft Robotics«. *Annual Review of Control, Robotics, and Autonomous Systems* 6.

Zambrano, Davide, Matteo Cianchetti, und Cecilia Laschi. 2014. »Opinions and outlooks on morphological computation«. In: *The morphological computation principles as a new paradigm for robotic design*, herausgegeben von Helmut Hauser, Rudolf Marcel Füchslin und Rolf Pfeifer, 214–25. Zürich: Self-published.

Zentrum Paul Klee Bern. 2023. »Paul Klee. Vom Rausch der Technik 3.9.22–21.5.23«. 2023. https://www.zpk.org/admin/data/hosts/zpk/files/page_editorial_link/file/234/zpk_af_rausch-der-technik_de.pdf?lm=1662104955.

Marco Tamborini lehrt Philosophie und Wissenschaftsgeschichte an der Technischen Universität Darmstadt, wo er Privatdozent ist. Darüber hinaus ist er Mitglied der Jungen Akademie | Mainz – Akademie der Wissenschaften und der Literatur | Mainz, Fellow der Johanna Quandt Young Academy sowie assoziiertes Mitglied im Exzellenzcluster »Matters of Activity«. Seine Forschungsschwerpunkte konzentrieren sich auf die Geschichte und Philosophie der Biologie, bioinspirierte und ingenieurwissenschaftliche Disziplinen (z. B. Biorobotik, synthetische Biologie, verkörperte KI, Biomaterialien, bioinspirierte Architektur) sowie die Philosophie der Technik und Technowissenschaft und die Kulturphilosophie vom 19. Jahrhundert bis zur Gegenwart. Aktuelle Buchpublikationen: *The Architcture of Evolution: The Science of Form in Twentieth-Century Evolutionary Biology* (University of Pittsburgh Press 2022); *Entgrenzung: Die Biologisierung der Technik und die Technisierung der Biologie* (Meiner Verlag 2022); *Technikphilosophie. Neue Perspektiven für das 21. Jahrhundert* (mit Kevin Liggieri und Olivier Del Fabbro) (wbg 2023). Auszeichnungen: 2017 Everett Mendelsohn Preis, 2020 Auszeichnung der Italienischen Gesellschaft für Wissenschaftsgeschichte, Athene-Preis für Gute Lehre 2022.